Christine Pich

Rôles régulateurs des GTPases Rho dans l'immunité anti-mélanome

Christine Pich

Rôles régulateurs des GTPases Rho dans l'immunité anti-mélanome

Présentation du système immunitaire, du mélanome et de leurs régulateurs dont les GTPases Rho

Presses Académiques Francophones

Impressum / Mentions légales
Bibliografische Information der Deutschen Nationalbibliothek: Die Deutsche Nationalbibliothek verzeichnet diese Publikation in der Deutschen Nationalbibliografie; detaillierte bibliografische Daten sind im Internet über http://dnb.d-nb.de abrufbar.
Alle in diesem Buch genannten Marken und Produktnamen unterliegen warenzeichen-, marken- oder patentrechtlichem Schutz bzw. sind Warenzeichen oder eingetragene Warenzeichen der jeweiligen Inhaber. Die Wiedergabe von Marken, Produktnamen, Gebrauchsnamen, Handelsnamen, Warenbezeichnungen u.s.w. in diesem Werk berechtigt auch ohne besondere Kennzeichnung nicht zu der Annahme, dass solche Namen im Sinne der Warenzeichen- und Markenschutzgesetzgebung als frei zu betrachten wären und daher von jedermann benutzt werden dürften.

Information bibliographique publiée par la Deutsche Nationalbibliothek: La Deutsche Nationalbibliothek inscrit cette publication à la Deutsche Nationalbibliografie; des données bibliographiques détaillées sont disponibles sur internet à l'adresse http://dnb.d-nb.de.
Toutes marques et noms de produits mentionnés dans ce livre demeurent sous la protection des marques, des marques déposées et des brevets, et sont des marques ou des marques déposées de leurs détenteurs respectifs. L'utilisation des marques, noms de produits, noms communs, noms commerciaux, descriptions de produits, etc, même sans qu'ils soient mentionnés de façon particulière dans ce livre ne signifie en aucune façon que ces noms peuvent être utilisés sans restriction à l'égard de la législation pour la protection des marques et des marques déposées et pourraient donc être utilisés par quiconque.

Coverbild / Photo de couverture: www.ingimage.com

Verlag / Editeur:
Presses Académiques Francophones
ist ein Imprint der / est une marque déposée de
OmniScriptum GmbH & Co. KG
Heinrich-Böcking-Str. 6-8, 66121 Saarbrücken, Deutschland / Allemagne
Email: info@presses-academiques.com

Herstellung: siehe letzte Seite /
Impression: voir la dernière page
ISBN: 978-3-8416-3165-7

Zugl. / Agréé par: Toulouse, Université Toulouse III, 2012

Copyright / Droit d'auteur © 2015 OmniScriptum GmbH & Co. KG
Alle Rechte vorbehalten. / Tous droits réservés. Saarbrücken 2015

TABLE DES MATIERES

TABLE DES MATIERES 1
INDEX DES FIGURES ET TABLEAUX 3
DONNEES BIBLIOGRAPHIQUES 6
Le mélanome 6
   I.   Généralités 6
   II.   Classifications 8
   III.   Histologie et développement des mélanomes 9
   IV.   Traitements 11
      1.   La chirurgie 11
      2.   La chimiothérapie 12
      3.   L'immunothérapie 13
      4.   La radiothérapie 14
      5.   Les essais cliniques 14
          a)   Les inhibiteurs de la voie BRAF/MEK 15
          b)   Les transferts adoptifs de Lymphocytes Infiltrant les Tumeurs (TIL) traités par de l'IL-2 . 16
          c)   Les stratégies vaccinales avec les CD 18
          d)   Les immunothérapies avec des anticorps anti-CTLA-4 19
Les réponses immunitaires 22
   I.   L'immunosurveillance 23
      1.   L'immunogénicité des tumeurs 24
      2.   L'immunodépression et l'incidence du mélanome 28
   II.   Le système immunitaire 29
      1.   Le système immunitaire inné 30
      2.   Le système immunitaire adaptatif 35
   III.   Les cellules NK 36
      1.   Description 36
      2.   Balance des signaux 37
      3.   Action des cellules NK 39
      4.   Le récepteur NKG2D et ses ligands 39
          a)   Le récepteur NKG2D 39
          b)   Les protéines adaptatrices de NKG2D 41
          c)   Les ligands de NKG2D 42
             o   Le ligand MICA 43
             o   Le ligand RAE-1 44
   IV.   Les cellules dendritiques (CD) 44
      1.   Description 45
      2.   De la capture à la présentation de l'antigène 46
      3.   Migration et maturation 46
   V.   Les lymphocytes T (LT) 48
      1.   Les LT CD4+ 48
      2.   Les LT CD8+ 51
          a)   Le CMH de classe I (CMH-I) 52
          b)   Le CMH de classe II (CMH-II) 53
          c)   Les molécules de costimulation 54
             o   La costimulation par le récepteur CD28 et ses ligands activateurs CD80/CD86 54
             o   La costimulation par le récepteur CD27 et son ligand CD70 55
          d)   Les molécules de corépression 59
             o   La corépression par le récepteur CTLA-4 et ses ligands CD80/CD86 : 59
             o   La corépression par le récepteur PD-1 et son ligand PD-1L 60
          e)   Le troisième signal d'activation 62

- VI. Immunoédition 62
  1. L'élimination 65
  2. L'équilibre 66
  3. L'échappement 66
     a) La reconnaissance par le SI 67
        o Les caractéristiques intrinsèques de la tumeur 67
        o Le micro-environnement tumoral suppresseur 68
     b) La résistance à la mort 69

La dissémination métastatique 71
- I. Généralités 71
- II. La transition épithélio-mésenchymateuse (TEM) 73
  1. Le cytosquelette et les prolongements cellulaires impliqués dans la migration 76
  2. Les interactions cellule/cellule et cellule/MEC 79
  3. La dégradation de la MEC par les MMP 81
- III. La migration dans une matrice tridimensionnelle 82
  1. La migration collective 83
  2. La migration mésenchymale 84
  3. La migration amoeboïde 85
- IV. Deux voies de signalisation importantes dans la migration du mélanome 88
  1. Les GTPases Rho 88
     a) Généralités 88
     b) Les GTPases Rho dans les réponses immunes 97
     c) Les GTPases Rho dans l'oncogenèse 98
     d) Les inhibiteurs des GTPases Rho dans le traitement contre le cancer 101
     e) Les autres inhibiteurs des GTPases Rho 103
  2. La voie de signalisation des MAPK BRAF/MEK/ERK 106
     a) Généralités 106
     b) Les GTPases Ras 115
     c) La voie des MAPK dans l'oncogenèse 116
     d) Les voies des MAPK dans les réponses immunes 120
     e) Les inhibiteurs de BRAF et de MEK et leurs résistances 121

Objectifs des travaux 124

RESULTATS 125

Résultats I 125

Résultats II 130

Résultats III 134

DISCUSSION 143

Conclusions et perspectives 143
- I. Rôles des GTPases Rho dans la mise en place d'une réponse adaptative protectrice 143
- II. Rôles des GTPases Rho dans l'expression de CD70, un marqueur lié aux capacités métastatiques des mélanomes 148
- III. Rôles des GTPases Rho dans la mise en place de la réponse immune innée anti-mélanome 156

Conclusion générale 164

Références bibliographiques 166

Liste des abréviations 190

INDEX DES FIGURES ET TABLEAUX

Figure 1 : Les différentes phases de la progression du mélanome (Gray-Schopfer et al., 2007). 7

Figure 2 : Initiation et progression du mélanome associées à des altérations moléculaires à partir d'un naevus (Zaidi et al., 2008). 10

Tableau 1 : Classification des mélanomes par l'indice de Breslow 11

Figure 3 : Inhibiteurs de la voie BRA/MEK/ERK (Fecher et al., 2008). 16

Figure 4 : Transfert adoptif de TIL autologues sans lymphodéplétion (d'après (Gattinoni et al., 2006)) 18

Figure 5 : Protocoles de vaccination par les CD (d'après (O'Neill et al., 2004)) 19

Figure 6 : La compétition entre CTLA-4 et CD80/CD86 (B7) pour le récepteur CD28. Le blocage par l'Ac anti-CTLA-4 (Olive et al., 2011) 20

Figure 7 : Le micro-environnement tumoral (Hanahan and Weinberg, 2000) 22

Tableau 2 : Les antigènes de tumeurs 24

Figure 8 : Représentation des TCR $\alpha\beta$ et $\gamma\delta$ (Parham, 2004). 27

Figure 9 : Réarrangement des fragments VDJ du TCR$\alpha\beta$ (Hodges et al., 2003). 28

Figure 10 : Les systèmes immunitaires inné et adaptatif (Dranoff, 2004). 30

Figure 11 : Macrophages M1 et M2 (Schmid and Varner, 2010). 31

Figure 12 : Action des MDSC sur les réponses anti-tumorales (Ostrand-Rosenberg and Sinha, 2009). 32

Figure 13 : Le TCR des cellules iNKT peut être activé par le glycolipide présenté par CD1d d'une cellule présentatrice d'antigène (Wu and Van Kaer, 2011). 33

Figure 14 : La reconnaissance des cellules tumorales par les LT$\gamma\delta$ (Beetz et al., 2008). 34

Figure 15 : La balance d'intégration des signaux activateurs et inhibiteurs des cellules Natural Killer (Vivier et al., 2011). 38

Figure 16 : Le récepteur NKG2D et ses protéines adaptatrices DAP10 et DAP12 (Nausch and Cerwenka, 2008) 40

Figure 17 : La signalisation couplée entre l'activation par le récepteur NKG2D et le récepteur à l'IL-15 (Zafirova et al., 2011). 41

Figure 18 : Les ligands humains et murins de NKG2D et le complexe CMH-I associé à la β2-microglobuline et à un peptide (Nausch and Cerwenka, 2008). 43

Figure19 : La maturation des LT CD8+ (a) et CD4+ (b) par les CD (Baumgartner and Malherbe, 2011). 47

Figure 20 : L'activation des cellules NK par les CD (Barreira da Silva and Munz, 2011). 47

Figure 21 : Les réponses lymphocytaires T activées par les CD (Koido et al., 2010). . 49

Figure 22 : L'attraction des Treg par les cellules de mélanome (Jacobs et al., 2012). . 50

Figure 23 : Les productions des LT CD4+ de type Th17 (d'après (Awasthi and Kuchroo, 2009)). 51

Figure 24 : La structure du CMH-I associé à un peptide et à une molécule de β2-microglobuline : (A) H2-Db (Achour et al., 2006) et (B) HLA-A2 (Bjorkman et al., 1987).. 53

Figure 25 : le complexe CMH-II HLA-DR couplé au peptide MAM (Wang et al., 2007) .. 53

Figure 26 : Les couples ligand/récepteur de la superfamille des Ig (Olive, 2006). 55

Figure 27 : les couples ligand/récepteur de costimulation de la superfamille des TNF (d'après (Watts, 2005)) 56

Figure 28 : Les cascades de signalisation induites par la liaison entre CD27 et CD70 (d'après (Garcia et al., 2004; Prasad et al., 1997; Yamamoto et al., 1998; Yoon et al., 1999)) 59

Figure 29 : L'inhibition de la RI par CTLA-4 (d'après (Rudd, 2008)). 60

Figure 30 : L'inhibition de l'activation des LT par PD-1/PD-1L, via l'inhibition de la PI3K (Keir et al., 2008). 61

Figure 31 : L'immunoédition des cellules tumorales (Schreiber et al., 2011). 63

Figure 32 : Dans les cancers colorectaux, l'infiltration par les TIL permet de prédire la survie des patients. 64

Figure 33 : Importance de l'infiltrat dans le microenvironnement tumoral des mélanomes (Erdag et al. 2012). 65

Figure 34 : L'édition des cellules tumorales peut entrainer une diminution de leur reconnaissance par le SI et de l'efficacité des effecteurs immuns ainsi qu'une augmentation de leur résistance à la mort (Vesely et al., 2011). 67

Figure 35 : Les différentes étapes de la dissémination métastatique (Geiger and Peeper, 2009). 72

Figure 36 : Les différents éléments de la Transition Epithélio-Mésenchymateuse (TEM) (d'après (Schmitz et al., 2000)). 75

Figure 37 : Illustration schématique de l'organisation du cytosquelette d'actine lors de la migration cellulaire (Le Clainche and Carlier, 2008) 78

Figure 38 : Les intégrines, les points focaux d'adhérence et les fibres de stress d'actine (Mitra et al., 2005). 81

Figure 39 : Les trois types de migrations et quelques protéines associées (Vega and Ridley, 2008). 83

Figure 40 : L'arbre phylogénétique des GTPases de la superfamille Ras (d'après (Vega and Ridley, 2008)). 89

Figure 41 : Structure et domaines des protéines Rho. 90

Figure 42 : Prénylation des GTases Rho (Demierre et al., 2005) 92

Tableau 3 : Récapitulatif des protéines Rho. Sous-famille Rho, Rac, Cdc42 et Rnd. MP : Membrane Plasmique, GG : Géranylgéranylation, F : Farnésylation (d'après (Vayssiere et al., 2000; Vega and Ridley, 2008)). 92

Figure 43 : Cycle général d'activation / inactivation des GTPases Rho (d'après (Bustelo et al., 2007)). 95

Tableau 4 : Altérations de l'expression des protéines Rho dans divers cancers. 101

Figure 44 : Voies de signalisation induites par les MAPK (Ozyme, Cell Signaling Technology) 107

Figure 45 : Les quatre signalisations induites par les RTK (Easty et al., 2011) 108

Figure 46 : La voie simplifiée RTK/Ras/RAF/MEK/ERK (Ashton-Beaucage and Therrien, 2010). 110

Figure 47 : L'arbre phylogénétique de la sous-famille Ras (Karnoub and Weinberg, 2008). 111

Figure 48 : Structure de la protéine BRAF et la mutation V600E (Michaloglou et al., 2008). 113

Figure 49 : Structure des protéines MEK (Roskoski, 2012). 114

Tableau 5 : L'implication des mutations des oncogènes Ras dans les cancers. 116

Figure 50 : Activation de la voie MEK/ERK par des mutations de BRAF activatrices ou entrainant l'altération de son activité (Wan et al., 2004). 118

Figure 51 : La voie de signalisation proposée par Klein et al. impliquant BRAF et RhoE dans la migration cellulaire (d'après (Klein et al., 2008)). 120

Figure 52 : Les résistances développées par les cellules de mélanome pour contrer les inhibiteurs de BRAF V600E 122

Figures du commentaire de l'article III

Figure A1.1 : Le traitement des cellules BB74-MEL par l'atorvastatine induit la surexpression membranaire de MICA et augmente la cytotoxicité dépendante des cellules NK. 139

Figure A1.2 : Le traitement des cellules LB39-MEL par l'atorvastatine réduit l'expression membranaire de MICA et diminue la cytotoxicité dépendante des cellules NK. 141

Figure A1.3 : L'expression de RAE-1 sur les cellules B16F10 est régulée négativement par la GTPase RhoA et le traitement des cellules par l'atorvastatine augmente l'expression membranaire de RAE-1. 142

Figures supplémentaires de la Discussion

Tableau S1 : Expression de CD70 et ses effets dans les lignées de mélanome et de glioblastome testées. 153

Figure S1 : Schéma proposé pour décrire le rôle joué par CD70 dans les mélanomes pour contrôler la migration/invasion. 156

Figure S2 : Compléments de la conclusion sur les rôles des GTPases Rho dans la mise en place de la réponse innée. 163

DONNEES BIBLIOGRAPHIQUES

Le mélanome

I. Généralités

Le mélanome est le cancer de la peau le plus agressif. Actuellement, son incidence est croissante : alors qu'elle doublait tous les 15 ans depuis 1950, elle a triplé ces 20 dernières années (Belot et al., 2008). Il est, de plus, devenu la première cause de mortalité par cancer chez les jeunes adultes (Institut Curie). C'est une tumeur qui touche tous les âges et le soleil représente le premier facteur environnemental impliqué dans l'épidémiologie de cette forme de cancer. Il existe cependant d'autres facteurs de risque : le phototype (peaux claires, yeux clairs, cheveux blonds et roux et présence de tâches de rousseur), les facteurs génétiques (10% des mélanomes) en relation avec les gènes *cdkn2* et *cdk4* et les antécédents personnels et familiaux de mélanome, l'immunodépression et enfin le nombre de naevi (20-30% des cas).

Le mélanome cutané se développe à partir des mélanocytes, les cellules productrices de la mélanine. La mélanine est le pigment de la peau qui protège des **U**ltra-**V**iolets (UV) du soleil. Les mélanocytes se situent au niveau de la couche basale, la couche la plus interne de l'épiderme. Les mélanomes peuvent apparaître à partir de mélanocytes isolés ou de naevi. Les naevi, considérés comme des tumeurs bénignes, sont constitués d'un amas de mélanocytes. La première étape de l'apparition d'un mélanome est la transformation des mélanocytes qui acquièrent des mutations et se mettent à proliférer de façon incontrôlée. Le mélanome s'étend ensuite dans une phase radiale puis verticale. Il atteint pour finir les vaisseaux sanguins et lymphatiques, ce qui lui permet de métastaser jusqu'aux organes receveurs tels que les ganglions lymphatiques, les viscères et le cerveau (Gray-Schopfer et al., 2007) (Figure 1). La durée de chaque phase est très variable suivant les individus et les sous-types de mélanomes.

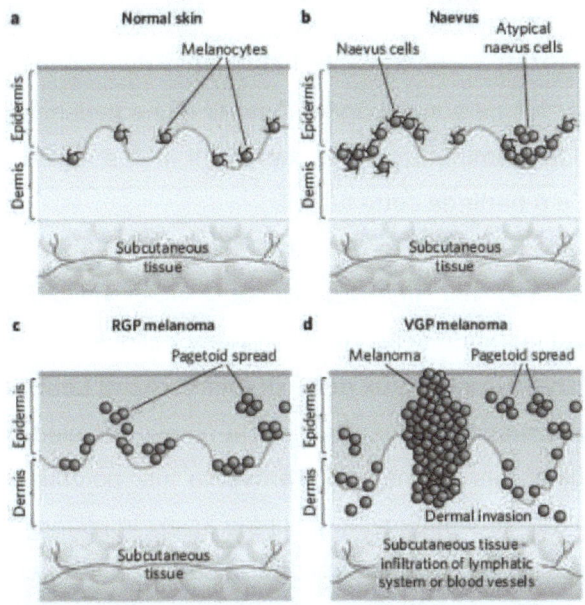

Figure 1 : Les différentes phases de la progression du mélanome (Gray-Schopfer et al., 2007).
a) La peau normale : Distribution régulière des mélanocytes localisés sur la couche basale de l'épiderme. b) Naevus mélanocytaire bénin : Augmentation du nombre de mélanocytes regroupés en amas. c) Mélanome à croissance horizontale (RGP melanoma) : Premier stade de développement tumoral, prolifération radiale des cellules de mélanome. d) Mélanome à croissance verticale (VGP melanoma) : Stade du développement ayant un potentiel malin conduisant directement à la formation du mélanome malin métastatique. Les cellules de mélanome prolifèrent de façon verticale, envahissent le derme et peuvent infiltrer le système vasculaire et lymphatique.

Le mélanome est un cancer immunogène, c'est-à-dire qu'il exprime des antigènes tumoraux qui sont reconnus par le système immunitaire. Les antigènes MelanA-MART1 et gp100 sont les plus étudiés et les plus exprimés, ils sont liés à la synthèse de la mélanine.

II. Classifications

On distingue classiquement quatre types de mélanomes cutanés (Choi et al., 2011):

- Le mélanome sur mélanose de Dubreuilh (**L**entigo **M**alignant **M**elanoma, LMM). Cette tumeur (10% à 15% des mélanomes) survient en général chez les personnes âgées à partir d'une mélanose, le plus souvent située sur la pommette ou la tempe. Il n'y a aucun développement métastatique à partir de cette tumeur.

- Le mélanome nodulaire (**N**odular **M**elanoma, NM). Le NM (10% à 15% des mélanomes) est une tumeur agressive, envahissant rapidement verticalement le derme et les ganglions lymphatiques.

- Le mélanome lentigineux des extrémités (**A**cral **L**entiginous **M**elanoma, ALM). Cette tumeur se développe sur la plante des pieds et plus rarement sur la paume des mains. Elle présente un potentiel d'agressivité et d'infiltration des structures sous-jacentes assez important.

- Le mélanome à extension superficielle (**S**uperficial **S**preading **M**elanoma, SSM). Le SSM représente la forme la plus fréquente de mélanomes (70% des mélanomes). Il est associé à des épisodes répétés de brûlures solaires le plus souvent survenues dès le jeune âge. Il présente dans un premier temps une lente extension horizontale et superficielle, puis une extension verticale avec une infiltration vers le derme. Ce mélanome regroupe plusieurs critères dits « ABCDE » : A pour Asymétrie générale des contours et du pigment, B pour Bords irréguliers, C pour Couleurs multiples, D pour Diamètre supérieur à 8 mm, E pour Erythème persistant périphérique ou pour Evolution (Rigel et al., 2005). Depuis l'année dernière, des dermatologues australiens ont simplifié la détection de ce mélanome avec la règle « AC » : A pour Asymétrie et C pour couleurs (Luttrell et al., 2011).

III. Histologie et développement des mélanomes

Les mélanomes sont des tumeurs qui se développent à partir des mélanocytes. Ces cellules de la peau localisées normalement à la jonction dermo-épidermique fabriquent la mélanine, un pigment destiné à protéger la peau contre des rayonnements UV. Les mélanocytes peuvent se grouper en amas, aussi appelés thèques, dans l'épiderme et/ou le derme et forment ce que l'on appelle un naevus mélanocytaire communément appelé aussi « grain de beauté ». L'origine de ces naevi dits « communs ou acquis » qui apparaissent après la naissance et qui sont les plus nombreux fait encore l'objet de controverses. Ils pourraient résulter de mutations somatiques très tardives survenant dans des mélanocytes matures, ce qui expliquerait leur caractère très localisé. On distingue plusieurs formes histologiques de naevi selon leur répartition dans le derme et l'épiderme :

- Les naevi jonctionnels : les cellules se disposent de façon dispersée en nappe dans la couche basale de l'épiderme.
- Les naevi dermiques : prolifération mélanocytaire strictement intra-dermique.
- Les naevi mixtes ou composés : à la fois dans le derme et à la jonction dermo-épidermique.

Les naevi sont considérés comme des tumeurs bénignes mais peuvent évoluer en mélanomes et l'on distingue alors deux phases d'extension du mélanome (Zaidi et al., 2008) (Figure 2). Une phase de prolifération horizontale, radiale (**R**adial **P**hase **G**rowth, RGP) dans l'épiderme qui peut ensuite évoluer en phase verticale (**V**ertical **P**hase **G**rowth, VGP) qui envahit le derme et qui constitue la phase la plus dangereuse pendant laquelle les cellules acquièrent leur potentiel métastatique. Cependant, la plupart des mélanomes ne proviennent pas de naevi stables préexistants mais les deux phases de prolifération horizontale et verticale de ces mélanomes se produisent directement à partir de mélanocytes isolés et progressent en mélanome métastatique.

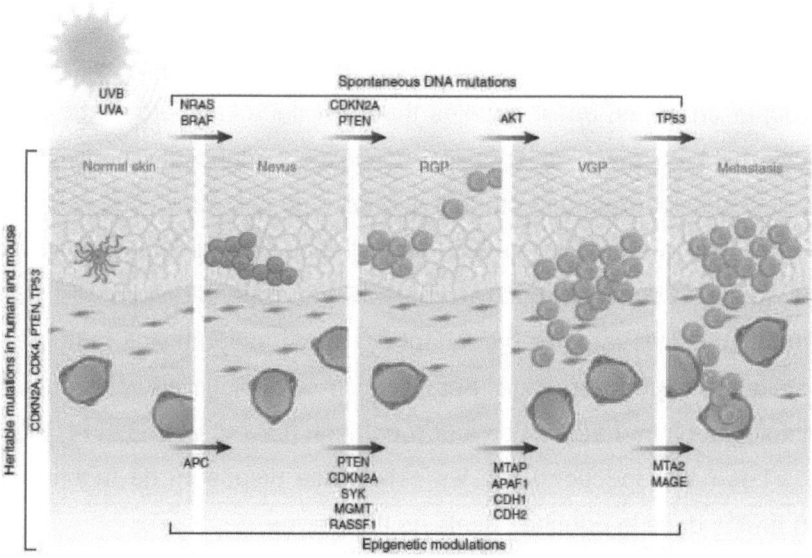

Figure 2 : Initiation et progression du mélanome associées à des altérations moléculaires à partir d'un naevus (Zaidi et al., 2008).

A l'inverse, les taches de vitiligo sont caractérisées par la disparition progressive des cellules pigmentées et l'apparition de poils blancs, mais sans signe clinique particulier. Ils proviennent de la destruction des mélanocytes par un infiltrat inflammatoire lors d'un phénomène d'auto-immunité (Taieb, 2011). Plusieurs équipes ont montré que des patients atteints de mélanome et de vitiligo avaient un meilleur pronostic de survie que ceux qui avaient un mélanome sans vitiligo (Byrne and Turk, 2011).

Actuellement le pronostic de survie générale à 5 ans d'un patient, porteur de mélanome et ayant subi une exérèse chirurgicale, se fait grâce à l'indice de Breslow, qui a été établi par Alexandre Breslow (Breslow,

1970) (Tableau 1). Il mesure l'épaisseur entre les parties les plus supérieures et les plus profondes du mélanome. Il n'est toutefois pas assez précis, et nécessite des ajustements qui peuvent modifier énormément la survie, notamment si les ganglions drainants sont métastasés et si le mélanome est ulcéré.

Indice de Breslow (IB) (épaisseur)	Estimation de la survie générale à 5 ans
IB < 0,75 mm	96 %
0,75 mm ≤ IB < 1,5 mm	87 %
1,5 mm ≤ IB < 2,5 mm	75 %
2,5 mm ≤ IB < 4 mm	66 %
IB > 4 mm	44 %

Tableau 1 : Classification des mélanomes par l'indice de Breslow.

Des études récentes montrent l'intérêt de prendre en compte le micro-environnement immun tumoral et en particulier la présence et la localisation de lymphocytes. Ces évaluations sont statistiquement plus pertinentes que l'indice de Breslow classique pour évaluer la survie générale à 5 ans. Nous y reviendrons dans la partie **Immunosurveillance** du chapitre **Système immunitaire**.

IV. Traitements

1. La chirurgie

Le premier traitement suite au diagnostic est l'exérèse chirurgicale. Elle permet également de confirmer le diagnostic de mélanome. En fonction de l'épaisseur du mélanome, l'exérèse est élargie aux tissus sains autour de la tumeur. La taille de la marge au niveau du tissu sain dépend de l'analyse anatomopathologique faite sur le mélanome enlevé. Cette marge entoure la zone détectée comme maligne, de 0,5 cm (pour un mélanome *in situ*) jusqu'à 2 à 3 mm (pour un mélanome de plus de 4 mm), et elle est de 1 cm pour un mélanome de Dubreuilh (InCA, 2010).

Dans 80% des cas, la chirurgie suffit à enlever la tumeur et il n'y a ni métastases ni récidives. Pour les cas métastatiques par contre, la survie du patient est beaucoup plus faible (15% à 2 ans et 5% à plus de 5 ans) (Mouawad et al., 2010).

De nombreux traitements ont été tentés pour améliorer la survie des patients atteints de mélanome métastatique. Actuellement, plusieurs traitements sont effectués mais ils permettent essentiellement de retarder les récidives ou de diminuer les souffrances des patients : la chimiothérapie, l'immunothérapie et la radiothérapie.

2. La chimiothérapie

La chimiothérapie est proposée lors d'envahissements des ganglions ou de métastases à distance. Deux drogues sont majoritairement utilisées : la Dacarbazine et la Fotémustine.

Aux USA depuis 1975, la Dacarbazine a une **A**utorisation de **M**ise sur le **M**arché (AMM) et elle est le traitement de référence du mélanome avancé, même s'il n'apporte pas une amélioration très importante de la pathologie (Mouawad et al., 2010). En effet les réponses objectives sont observées chez 15% à 25% des patients seulement, et malheureusement plus de 95% de ces réponses positives ne sont que partielles (Topalian et al., 2011). La Dacarbazine est le précurseur du Diazométhane, agent alkylant qui perturbe les divisions cellulaires et qui conduit à une mort rapide des cellules en division. En Europe et en particulier en France, la Dacarbazine est également prescrite pour les mélanomes métastatiques.

La Fotémustine est utilisée lors de métastases cérébrales et 20% à 25% des patients répondent favorablement, avec 5% à 8% de réponses complètes (Topalian et al., 2011). C'est une molécule appartenant à la famille des nitrosourées, agents alkylants qui passent la barrière céphalo-rachidienne.

Récemment, des inhibiteurs de la voie des MAPK tels que les inhibiteurs de BRAF et de MEK commencent à être utilisés. Nous y reviendrons dans la partie **Les essais cliniques**.

3. L'immunothérapie

L'immunothérapie avec de l'**I**nter**F**éro**N**-α (IFN-α) est proposée aux patients en complément de la chirurgie lorsque la tumeur dépasse 1,5 mm d'épaisseur, ou en cas d'envahissement du ganglion sentinelle (InCA, 2010).

L'IFN-α a des effets anti-prolifératifs, anti-angiogéniques et immuno-modulateurs puisqu'il induit l'augmentation de l'expression membranaire des molécules du **C**omplexe **M**ajeur d'**H**istocompatibilité (CMH) de classe I (CMH-I) et de classe II (CMH-II), qui présentent les antigènes de mélanome, et une plus forte infiltration des tumeurs par des **L**ymphocytes **T** (LT) CD4+. Les réponses cliniques observées ne sont que de l'ordre de 15% avec moins de 5% de réponses complètes. L'IFN-α semble être plus efficace chez des patients qui n'ont pas eu d'atteintes viscérales (Topalian et al., 2011).

Des traitements par immunothérapie adoptive sont pratiqués en particulier en France dans l'équipe du Pr. B. Dréno, les succès sont partiels mais encourageants (Khammari et al., 2007). Nous y reviendrons dans partie **Les essais cliniques**.

4. La radiothérapie

La radiothérapie est très peu utilisée dans la thérapie du mélanome. Les radiations visent en général à soulager les souffrances dues à des métastases osseuses douloureuses ou à une compression, on parle alors de radiothérapie palliative.

Cependant, elle est aussi utilisée en cas de tumeurs non opérables qui ont métastasé dans le cerveau. Si les métastases sont de taille réduite, la radiothérapie peut être très efficace pour les détruire. Mais si les métastases sont trop grosses ou trop nombreuses, la radiothérapie sert uniquement à freiner la maladie et à améliorer la qualité de vie du patient (InCA, 2010).

5. Les essais cliniques

L'efficacité globale faible des traitements classiques par chimiothérapie, immunothérapie et radiothérapie justifie le fait que de nombreux essais cliniques sont entrepris pour le traitement du mélanome métastatique.

Des essais cliniques de trois types sont en cours pour tenter d'améliorer la survie des patients. D'abord des chimiothérapies avec des inhibiteurs de la protéine BRAF mutée en position V600E (BRAF V600E), ensuite des immunothérapies par transferts adoptifs de lymphocytes infiltrants les tumeurs (**T**umor **I**nfiltrating **L**ymphocytes, TIL) autologues mais traités *in vitro* avec de l'InterLeukine-2 (IL-2), ou encore des stratégies vaccinales (vaccination thérapeutique).

a)   Les inhibiteurs de la voie BRAF/MEK

Le développement de chimiothérapies ciblées est à l'heure actuelle en plein essor. La mutation activatrice de la kinase BRAF en position 600 (BRAF V600E) est présente dans plus de 60% des mélanomes cutanés, ce qui en fait une cible privilégiée (Gray-Schopfer et al., 2007). Cette mutation favorise la tumorigénèse, la prolifération et la survie des cellules tumorales (Wellbrock and Hurlstone, 2010), en activant de façon constitutive la voie BRAF/MEK/ERK (Fecher et al., 2008) (Figure 3).

Le premier inhibiteur utilisé était le Sorafenib (Nexavar, Bayer Schering Pharma Ag). C'est un inhibiteur à large spectre de l'activité de tyrosines kinases telles que VEGFR, PDGFR et RAF, mais il induit de nombreux effets indésirables. En effet, il a notamment été montré une éruption de naevi associée au traitement au Sorafenib (Bennani-Lahlou et al., 2008) ainsi que des troubles de la différenciation et la prolifération kératinocytaire (Kong et al., 2007). Ces résultats montrent l'importance de cibler plus spécifiquement les protéines BRAF et MEK.

Plusieurs inhibiteurs spécifiques de BRAF V600E tels que le PLX-4720 (Plexxikon) et son dérivé le PLX-4032 (Zelboraf, Vemurafenib, Roche Parmaceuticals) sont testés en essais cliniques de phase III (Flaherty et al., 2010). Ces inhibiteurs bloquent l'activité de la protéine BRAF et ainsi inhibent la voie de signalisation en aval (MEK/ERK). Ils semblent prometteurs pour stabiliser la maladie mais pas assez efficaces pour l'éliminer. En Europe depuis mai 2011, le PLX-4032 a une **A**utorisation **T**emporaire d'**U**tilisation (ATU), et aux USA une AMM depuis 2011. De plus, il est important de noter que l'utilisation de ces deux inhibiteurs de BRAF muté V600E est restreinte aux tumeurs mutées en BRAF V600E, car lorsqu'ils sont utilisés sur des tumeurs non mutées, leurs effets sont délétères (Poulikakos et al., 2010).

Malheureusement quelques résistances commencent à apparaître suite au traitement avec le PLX-4032. Des inhibiteurs de MEK, une MAPKK en aval de BRAF, tels que le Selumetinib (AZD6244, ARRY-142886, AstraZeneca) et le PD0325901 (Pfizer), sont également étudiés dans le cas du mélanome métastatique (Patel and Kim, 2012). Le Selumetinib est actuellement en essai clinique de phase II (NCT00338130 et NCT00936221). Cet inhibiteur seul n'a qu'un effet clinique modeste mais il semble avoir le plus d'effet lorsque BRAF est muté (Kirkwood et al., 2012).

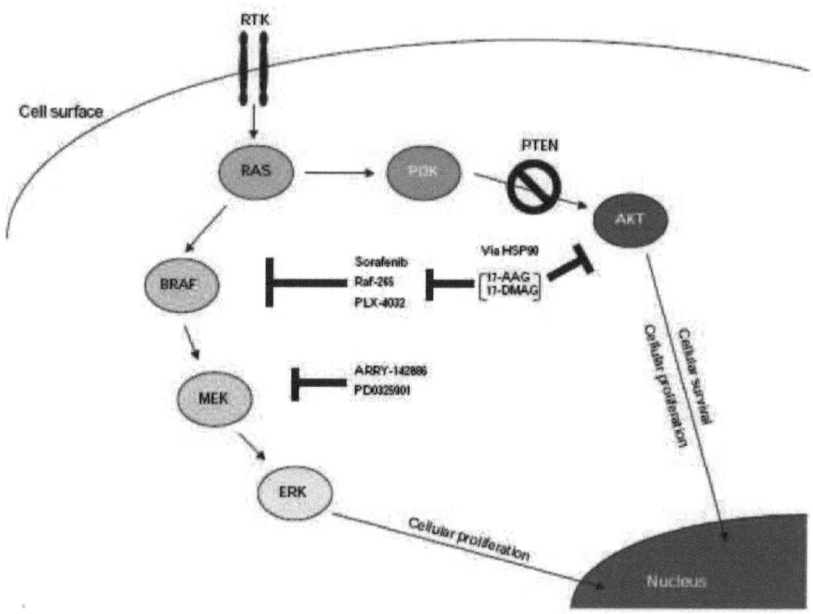

Figure 3 : Inhibiteurs de la voie BRA/MEK/ERK (Fecher et al., 2008).

b) Les transferts adoptifs de Lymphocytes Infiltrant les Tumeurs (TIL) traités par de l'IL-2

En matière d'immunothérapie, des progrès étaient attendus depuis de nombreuses années. En effet, les travaux du Pr. Rosenberg sur la stimulation de TIL des patients par de l'IL-2 et leur injection aux patients avaient apporté de grands espoirs (Mule et al., 1986; Rosenberg et al., 1990), mais n'ont malheureusement pas été suivis d'effets immédiatement favorables pour les patients (Topalian et al., 1990). Ces échecs ont alors conduit à un scepticisme des oncologues vis à vis de l'immunothérapie. En effet, des injections systémiques d'IL-2 seule ont aussi été testées, mais les résultats ont montré beaucoup trop de toxicité due à des effets globaux et non localisés. D'où la nécessité de mettre en place des traitements immunologiques beaucoup plus spécifiques. Les thérapies de transferts adoptifs avec des TIL autologues traités *in vitro* avec de l'IL-2 se sont aussi révélées globalement décevantes (Besser et al., 2010; Gattinoni et al., 2006) (Figure 4). L'équipe du Pr. B Dréno a procédé à des essais cliniques sur des patients atteints de mélanome de stade III (avec envahissement des ganglions lymphatiques) après résection des ganglions lymphatiques et sans métastases détectées, avec des infusion de TIL plus de l'IL-2 ou de l'IL-2 seule pendant deux mois. Ils ont montré que lorsqu'un seul ganglion lymphatique était envahi, le taux de rechute était significativement plus bas avec le traitement TIL plus IL-2 que IL-2 seule (33% contre 68%) (Khammari et al., 2007). Des études ont montré que cette inefficacité partielle ne venait pas de la thérapie en elle-même mais du micro-environnement immunosuppresseur de la tumeur. Cette immunosuppression contrôle l'action des TIL et les rend inefficaces alors que lorsqu'ils sont testés *ex vivo* ces TIL ont une forte activité anti-mélanome (Disis, 2010). C'est pourquoi de nouveaux essais cliniques visent à associer des transferts adoptifs de TIL avec des agents bloquant les cellules immunosuppressives présentes dans les mélanomes.

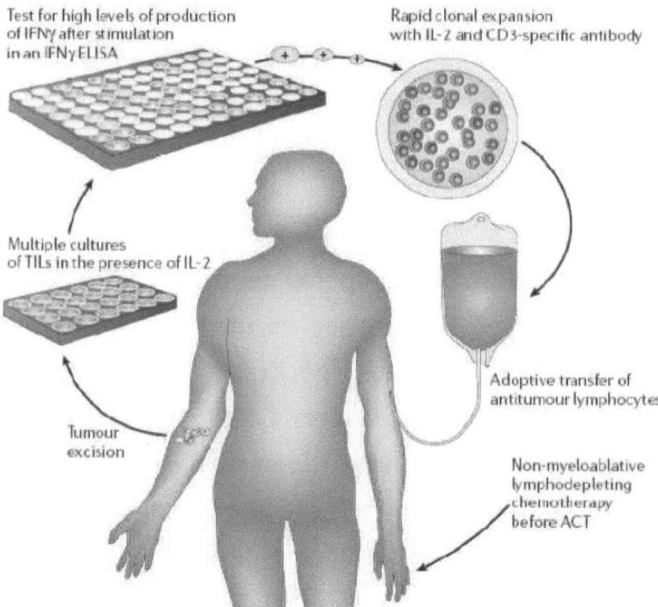

Figure 4 : Transfert adoptif de TIL autologues sans lymphodéplétion (d'après (Gattinoni et al., 2006))

c) Les stratégies vaccinales avec les CD

Plusieurs stratégies vaccinales ont aussi été mises en place et évaluées. Ces vaccins sont basés sur l'apport de peptides antigéniques spécifiques des mélanomes, injectés seuls ou présentés par des **C**ellules **D**endritiques (CD) pulsées. Ces protocoles sont difficiles à mettre en place car ils nécessitent de grosses infrastructures mais ils apportent des succès certains (O'Neill et al., 2004) (Figure 5). Un essai clinique réalisé avec un vaccin composé du peptide gp100 modifié en combinaison avec des injections systémiques d'IL-2 a montré une amélioration de la réponse clinique de 10% par rapport à des injections d'IL-2 seule (Schwartzentruber et al., 2011). De plus, un nouvel essai clinique apporte de grands espoirs car des injections de CD pulsées avec le lysat tumoral autologue combiné à des injections sous-cutanées d'IL-2 à faibles doses a permis d'obtenir un bénéfice clinique de plus de 50% (Ridolfi et al., 2011). Sur les 27 patients inclus dans l'essai clinique, deux sont en rémission complète, deux en rémission mixte, six en rémission partielles et cinq patients voient leur maladie stabilisée. Pour ces 15 patients qui ont répondu la médiane de survie générale est de 22,9 mois, alors que celle des autres patients n'est que de 4,8 mois.

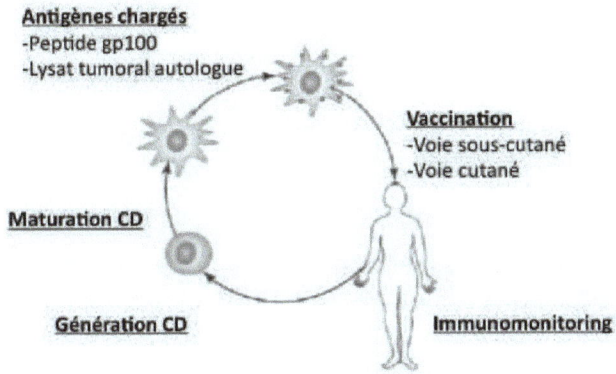

Figure 5 : Protocoles de vaccination par les CD (d'après (O'Neill et al., 2004))

d) Les immunothérapies avec des anticorps anti-CTLA-4

D'autres essais cliniques d'immunothérapie réalisés avec deux anticorps anti- CTLA-4, l'Ipilimumab (Bristol-Myers Squibb) et le Tremelimumab (Pfizer), semblent aussi très prometteurs. CTLA-4 est une molécule coinhibitrice qui se trouve sur les cellules du système immunitaire et qui se lie aux ligands CD80/CD86 (Olive et al., 2011) (Figure 6). CTLA-4 entre en compétition avec CD28 pour la liaison avec les ligands costimulateurs de la famille B7 (CD80 et CD86), présents sur les cellules présentatrices d'antigène et sur certaines cellules tumorales. Mais, au lieu de promouvoir la costimulation des effecteurs immuns, nécessaire à leur activité, la liaison de CTLA-4 sur le récepteur CD28 entraîne l'inactivation de ces cellules effectrices. Les anticorps anti-CTLA-4 inhibent le volet inhibiteur et permettent donc une activation optimale des LT (Figure 6). L'Ipilimumab a été utilisé en essai clinique de phase III en première ligne de traitement du mélanome métastatique seul ou en combinaison avec la Dacarbazine et/ou le vaccin gp100 (Hodi et al., 2010; Phan et al., 2008). Les résultats montrent une stabilisation du cancer avec 10% à 15% de taux de réponses objectives. Depuis juin 2010 en Europe, l'Ipilimumab a une ATU, et depuis mars 2011 aux USA une AMM. Toutefois des études récentes montrent une forte induction de l'inflammation qui peut être délétère, suite au traitement (Berman et al., 2010). Le Tremelimumab par contre a été testé en combinaison avec de l'IFN-α. Cette combinaison est très prometteuse car elle entraine une amélioration de 24% de taux objectifs de réponse (Tarhini et al., 2012).

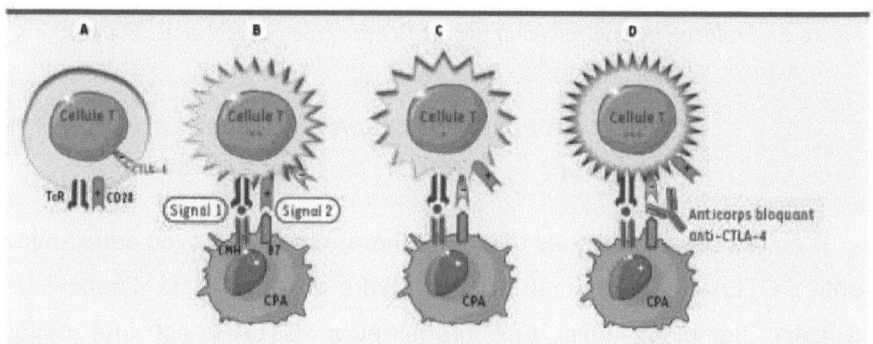

Figure 6 : La compétition entre CTLA-4 et CD80/CD86 (B7) pour le récepteur CD28. Le blocage par l'Ac anti-CTLA-4 (Olive et al., 2011)

Le mélanome pose un vrai problème de santé publique à cause de son incidence croissante et de l'inefficacité globale des traitements lorsqu'il est métastatique. C'est pourquoi de nombreuses études sont effectuées à l'heure actuelle pour améliorer de façon significative la survie des patients. Deux principales voies sont poursuivies : les thérapies ciblées de la protéine BRAF mutée en position V600E, et les immunothérapies avec les anticorps dirigés contre CTLA-4. Ces thérapies, bien que prometteuses, sont restreintes à certains patients. Dans l'avenir, il faudra très certainement faire des combinaisons de différentes thérapies (immunothérapie + chimiothérapie) pour avoir une amélioration significative de la survie des patients, mais aussi trouver de nouvelles voies thérapeutiques.

Les réponses immunitaires

De nombreux types cellulaires coexistent dans le micro-environnement tumoral. Les cellules tumorales sont entourées de vaisseaux sanguins, de matrice extracellulaire, de fibroblastes et de diverses cellules immunes (Hanahan and Weinberg, 2000) (Figure 7). Je me suis intéressée au cours de ma thèse à la composante immune de ce micro-environnement.

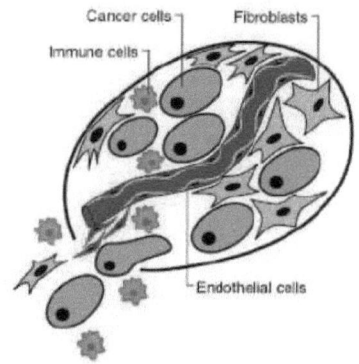

Figure 7 : Le micro-environnement tumoral (Hanahan and Weinberg, 2000).

De nombreuses études récentes ont montré que les tumeurs avaient des potentiels immunogènes plus ou moins importants. Le mélanome fait partie de ces tumeurs immunogènes qui sont capables de déclencher des réponses immunes visant à les éliminer. L'immunologie des tumeurs est fondée sur deux concepts essentiels : la surveillance immunitaire des cellules tumorales et les mécanismes d'évasion permettant à la cellule cancéreuse d'échapper à la destruction immune.

I. L'immunosurveillance

Le concept d'immunosurveillance a émergé en 1970, suite aux travaux de Burnet qui s'appuient sur plus d'un siècle d'études préliminaires (Burnet, 1972; Coley, 1991). Ils ont suggéré un lien potentiel entre le **S**ystème **I**mmunitaire (SI) et le cancer, ce qui l'a conduit à la théorie de la surveillance immunitaire des tumeurs. Celle-ci repose sur l'hypothèse selon laquelle le SI, et en particulier les **L**ymphocytes **T** (LT), joueraient un rôle de surveillance de l'organisme en reconnaissant les cellules néoplasiques comme étrangères grâce à l'expression d'antigènes à leur surface et en les éliminant à un stade précoce. Selon ce concept, les tumeurs ne se développent que lorsque les cellules cancéreuses échappent au SI. Suite à ce concept d'immunosurveillance est apparu celui de l'immunoédition, qui rend mieux compte de l'ensemble des phénomènes qui surviennent lors du développement tumoral (Schreiber et al., 2011). C'est la sélection des cellules tumorales par le SI qui va d'une part sélectionner les cellules devenues insensibles aux réponses immunes et qui elles-mêmes influencent le micro-environnement pour favoriser leur croissance, et d'autre part créer un environnement immunosuppresseur qui bloque la destruction de la tumeur par le SI.

L'inflammation joue aussi un rôle très important dans la RI anti-tumorale. En effet, une inflammation aigue est décrite comme anti-tumorale, alors qu'une inflammation chronique est plutôt pro-tumorale (Keibel et al., 2009). Lors d'une inflammation aigue, il y a un recrutement massif de cellules inflammatoires, telles que les mastocytes, les granulocytes neutrophiles et les macrophages, qui lysent les cellules anormales et recrutent des cellules immunes. Lors d'une inflammation chronique, des macrophages associés aux tumeurs (**T**umor **A**ssociated **M**acrophages, TAM) sont recrutés de façon majeure dans le microenvironnement tumoral. Ces TAM sécrètent en particulier de l'IL-10 et du TGFβ qui limitent la prolifération les LT et du TNFα qui de façon chronique va promouvoir le développement tumoral. D'autres facteurs clés sont retrouvés lors d'une inflammation chronique, tels que IL-6, COX2 et le VEGF qui favorisent aussi la croissance tumorale.

1. L'immunogénicité des tumeurs

Comme je l'ai dit dans la partie **Généralités** du chapitre **Mélanome**, le mélanome est considéré comme une tumeur immunogène, car elle exprime des Antigènes Associés aux Tumeurs (**T**umor **A**ssociated **A**ntigen, TAA). Depuis de nombreuses années, des équipes se sont penchées sur la description des TAA et des anticorps dirigés contre ces TAA. Cinq groupes de TAA ont été définis (Tableau 2).

Antigènes tumoraux	Cancers	Références
Antigènes de différenciation : Melan-A/MART-1 gp100 TRP-1,-2	Mélanome Mélanome Mélanome	(Van den Eynde and Boon, 1997) (Renkvist et al., 2001)
Antigènes communs spécifiques de tumeurs : MAGE BAGE GAGE NY-ESO-1	Tumeurs variés Tumeurs variés Tumeurs variés	(Juretic et al., 2003)
Antigènes issus de mutations ponctuelles : RasV12 CDK4 p53	Cancer du pancréas Mélanome Tumeurs variées	(Wolfel et al., 1995) (Zaidi et al., 2008)
Antigènes surexprimés : HER-2/neu Télomérase P53	Carcinomes du sein, ovaires, poumons Tumeurs variés Tumeurs variés	(Slamon et al., 2011) (Vonderheide et al., 1999) (Li et al., 2012)
Antigènes viraux : E6-E7 papillomavirus LMP1-LMP2 EBV	Cancer du col de l'utérus Lymphomes, cancer du nasopharynx	(Smith et al., 2012)

Tableau 2 : Les antigènes de tumeurs

Le premier groupe est celui des antigènes de différenciation. En effet dans le mélanome, on retrouve des antigènes de différenciation des mélanocytes, tels que MelanA-MART1 (Van den Eynde and Boon, 1997), gp100 et la tyrosinase TRP-2 (Renkvist et al., 2001). Ce sont des antigènes qui sont faiblement exprimés sur les mélanocytes sains et fortement exprimés sur les cellules de mélanome. Ces TAA de différenciation sont les plus ciblés dans les thérapies par transferts adoptifs et par vaccinations.

Le deuxième groupe est celui des TAA cancer/testis. Ces antigènes proviennent du lignage des cellules germinales et sont anormalement exprimés sur les cellules somatiques cancéreuses. Ils comprennent notamment les antigènes MAGE et NY-ESO-1 dans le mélanome (Juretic et al., 2003).

Le troisième groupe est lié aux mutations de gènes individuelles apparaissant chez les patients. Par conséquent une thérapie par ciblage d'un de ces antigènes ne peut être efficace que pour les patients chez lesquels il a été identifié (Wolfel et al., 1995).

Le quatrième groupe plus hétérogène se compose des antigènes tels que le suppresseur de tumeur p53 (Li et al., 2012), la télomérase (TERT) (Vonderheide et al., 1999), et aussi l'antigène HER-2 fréquemment ciblé dans le cancer du sein (Slamon et al., 2011).

Pour finir, le dernier groupe contient les antigènes viro-induits dont les plus connus sont des antigènes de LMP1 et LMP2 de l'**E**pstein-**B**arr **V**irus (EBV) et E6 et E7 du papillomavirus. Ils ont également fait l'objet de protocoles d'immunothérapie. Ainsi Smith C. *et al.* (Smith et al., 2012) ont ciblé les protéines virales LMP1 et LMP2 dans des carcinomes du nasopharynx associés à l'EBV dans un protocole d'immunothérapie adoptive.

Ces deux derniers groupes ne correspondent pas à des antigènes liés au mélanome.

Les TAA sont présentés aux cellules du SI par les **C**omplexe **M**ajeur d'**H**istocompatibilité (CMH) de classe I (CMH-I) et de classe II (CMH-II). Les complexes CMH/peptides sont reconnus par les récepteurs des LT (**T** **C**ell **R**eceptor, TCR). Les TCR sont des récepteurs spécifiques des LT de l'immunité adaptative, mais plusieurs cellules du système inné les expriment. Parmi ces cellules, on retrouve les cellules NKT et les LT$\gamma\delta$.

La majorité des LT (95% des LT périphériques) expriment des TCR$\alpha\beta$ (Figure 8). Le TCR$\alpha\beta$ est un hétérodimère constitué d'une chaine α et d'une chaine β reliées par des ponts disulfures. Des recombinaisons somatiques analogues à celles des **I**mmuno**g**lobulines (Ig) sont responsables de la diversité des TCR. Les chaines α et β du TCR comportent un domaine constant C ancré à la membrane et un domaine variable V. D'autres LT expriment des TCR$\gamma\delta$ (Figure 8). Les TCR$\gamma\delta$ sont composés d'une chaine γ et d'une chaine δ qui présentent des domaines variables et constants similaires à ceux des chaines α et β.

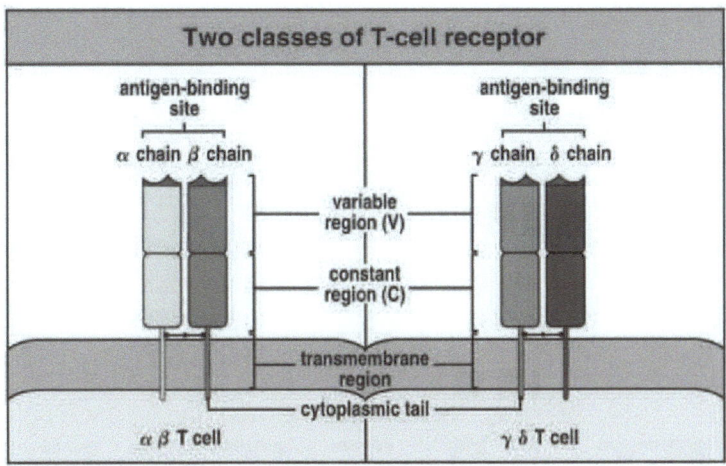

Figure 8 : Représentation des TCR αβ et γδ (Parham, 2004).

Les réarrangements des domaines variables des gènes codant pour les sous-unités α et β du TCR se font respectivement entre une région V (variable) et une région J (joining) pour la chaine α et trois régions V, D (diversity) et J pour la chaîne β en faisant intervenir des recombinases (RAG1 et RAG2). A partir de la configuration germinale non arrangée, la recombinase associe un segment variable (V) à un segment de diversité D et un segment de joint (J), assurant ainsi la production d'une unité VDJ fonctionnelle. Cette unité est ensuite transcrite, épissée dans sa région C constante avant d'être traduite en protéine (Hodges et al., 2003) (Figure 9).

La reconnaissance du complexe CMH/peptide par le TCR induit l'activation de plusieurs voies de signalisation parmi lesquelles la voie calcique et la voie des MAPK qui conduisent notamment à la régulation de l'expression des cytokines et plus particulièrement celle de l'IL-2. L'IL-2 est le facteur de croissance autocrine majeur produit par les LT.

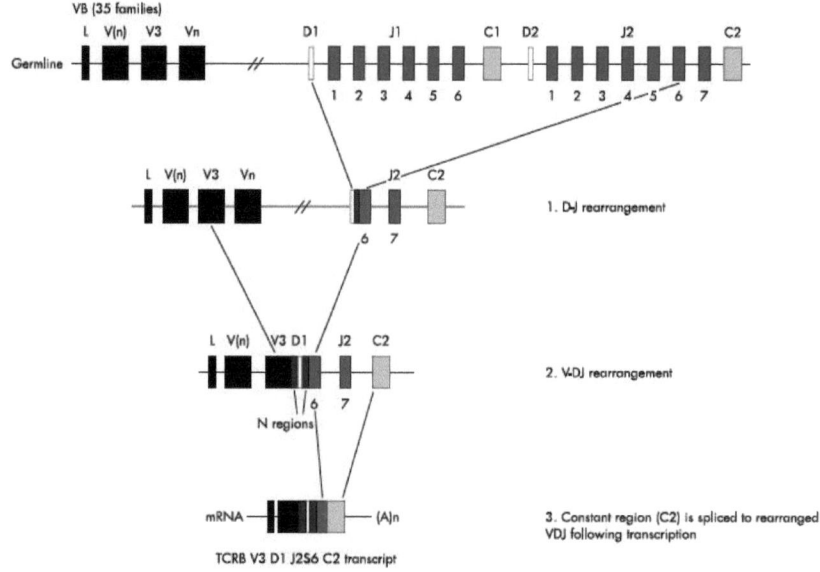

Figure 9 : Réarrangement des fragments VDJ du TCRαβ (Hodges et al., 2003).

2. L'immunodépression et l'incidence du mélanome

Plusieurs études ont montré que le SI jouait effectivement un rôle dans la surveillance des tumeurs car une plus forte incidence des cancers est retrouvée chez les souris et des patients immunodéprimés (Silverberg et al., 2011; Zwald et al., 2010).

Chez des patients qui ont subi une transplantation d'organe et qui sont donc maintenus dans un état d'immunosuppression pour faciliter la prise et le maintien de la greffe, l'incidence des cancers de la peau est plus élevée. Les augmentations les plus fortes sont celles des sarcomes de Kaposi (84 fois) et des carcinomes à cellules squameuses (65 fois) (Jensen et al., 1999). Pour le mélanome, l'augmentation est modeste et varie selon les études de 2% à 8% (Zwald et al., 2010).

Les autres patients immunodéprimés chez lesquels l'incidence des cancers et notamment celle du mélanome est plus élevée, sont les patients atteints du Sida. Les incidences sont très fortement augmentées pour les lymphomes non Hodgkiniens (21,5%), les sarcomes de Kaposi (16%) et les cancers du poumon (9,4%) (Lanoy et al., 2011). L'augmentation de l'incidence du mélanome est moindre mais significative : elle conduit à une augmentation d'environ 5% (Silverberg et al., 2011).

II. Le système immunitaire

Le SI se divise arbitrairement en deux parties : le SI inné et le SI adaptatif (Dranoff, 2004). Les acteurs du SI inné sont les cellules inflammatoires (les granulocytes basophiles, éosinophiles, neutrophiles, les monocytes, les macrophages et les mastocytes), les cellules **N**atural **K**iller (NK), les cellules NKT, les LT$\gamma\delta$ et les **C**ellules **D**endritiques (CD). Les cellules impliquées dans le SI adaptatif sont les CD (qui font le lien entre les deux SI), les LT$\alpha\beta$ (auxiliaires, régulateurs, cytotoxiques et mémoires) et les LB (matures, plasmocytes, régulateurs et mémoires) (Shortman and Naik, 2007) (Figure 10).

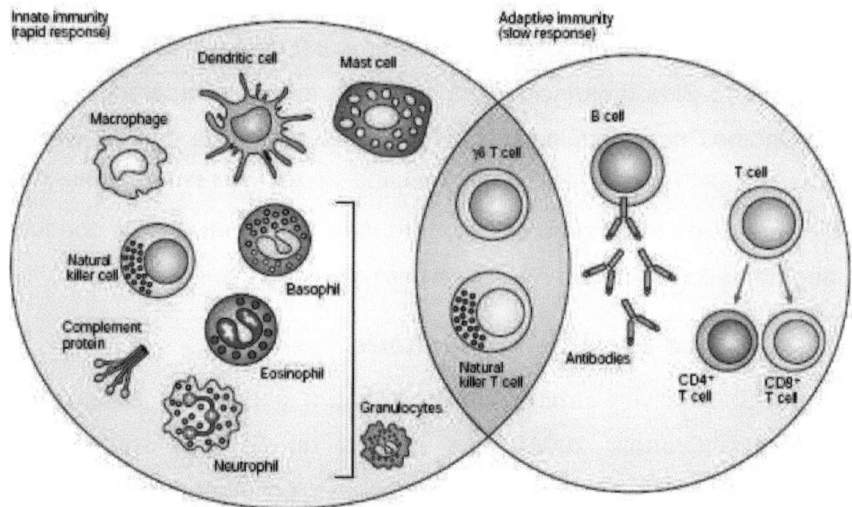

Figure 10 : Les systèmes immunitaires inné et adaptatif (Dranoff, 2004).

1. Le système immunitaire inné

Le SI inné est la première ligne de défense de l'organisme. Il ne nécessite pas de reconnaissance préalable et spécifique des pathogènes ou des cellules tumorales.

- Les cellules inflammatoires sont parmi les premières cellules à intervenir lors d'agressions extérieures. Elles se composent des granulocytes basophiles, des granulocytes éosinophiles et des granulocytes neutrophiles, des monocytes, des macrophages et des mastocytes. Elles sont capables de reconnaître et de phagocyter les éléments étrangers ou les cellules infectées ou tumorales.

Parmi les cellules inflammatoires importantes pour le développement des cancers, se trouvent les macrophages. Leur phénotype dépend du tissu dans lequel ils sont localisés : cellules microgliales dans le cerveau, cellules de Kupffer dans le foie, cellules de Langerhans dans la peau, macrophages associés aux tumeurs (TAM) dans les tumeurs par exemple (Hume et al., 2002). Ces macrophages sont classés en deux types selon leur polarisation : M1 (Type 1, anti-tumoraux) et M2 (Type 2, pro-tumoraux) (Lewis and Pollard, 2006; Schmid and Varner, 2010) (Figure 11).

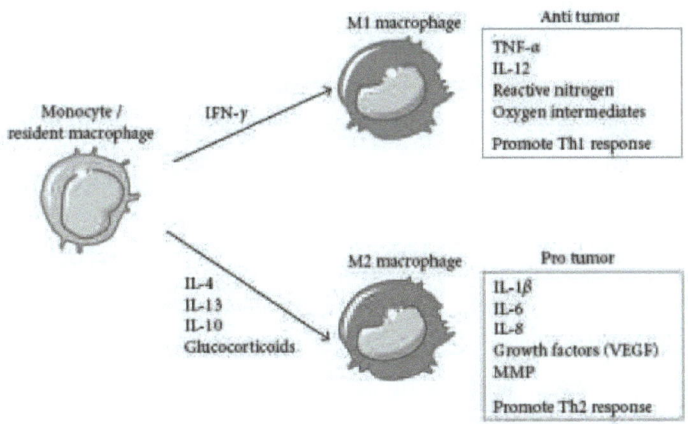

Figure 11 : Macrophages M1 et M2 (Schmid and Varner, 2010).

- D'autres cellules sont importantes pour le développement du mélanome, il s'agit des cellules myéloïdes suppressives (**M**yeloid-**D**erived **S**uppressive **C**ells, MDSC). C'est une population hétérogène de cellules progénitrices myéloïdes et de cellules myéloïdes immatures (Vesely et al., 2011). Elles sont recrutées dans les tumeurs où elles jouent un rôle négatif en inhibant la fonction des cellules immunes effectrices cytotoxiques et en favorisant le développement de la tumeur. Pour limiter l'action des cellules cytotoxiques, elles produisent du **T**umor **G**rowth **F**actor-β (TGF-β) et de l'IL-10, recrutent les lymphocytes régulateurs, et bloquent les TCR en ajoutant des groupements nitriles (Filipazzi et al., 2012; Ostrand-Rosenberg and Sinha, 2009) (Figure 12). Les effets pro-angiogéniques et pro-métastasiants des MDSC favorisent la croissance et l'invasion des tumeurs (Yang et al., 2008).

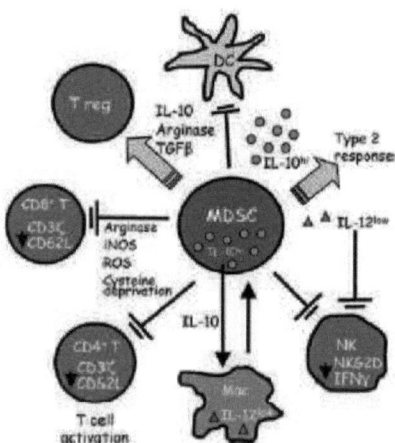

Figure 12 : Action des MDSC sur les réponses anti-tumorales (Ostrand-Rosenberg and Sinha, 2009).

- Les acteurs principaux du SI inné sont les cellules NK. Ce sont des lymphocytes qui ont une activité cytotoxique directe et pro-infammatoire par sécrétion de cytokines. Leurs caractéristiques seront détaillées dans un paragraphe qui leur sera consacré plus loin dans ce chapitre.

- Les cellules NKT appartiennent au SI inné car elles présentent à la fois des récepteurs de la famille des cellules NK (NK1.1, NKG2D, NKR-P1A) mais aussi des récepteurs spécifiques des LT (TCR/CD3) (Reilly et al., 2010). La population majoritaire et la plus étudiée des cellules NKT est une population invariant **NKT** (iNKT) possédant donc une spécificité unique. Chez la souris, ces cellules possèdent un TCR composé d'une chaine α : Vα14-Jα18 combinée à une chaine β : Vβ8,2, 2 ou 7. Chez l'homme, cette population iNKT existe aussi, mais son TCR est composé d'une chaine α : Vα24-Jα18 combinée à une chaine β : Vβ11 (Motohashi and Nakayama, 2009; Wu and Van Kaer, 2011) (Figure 13). Les cellules iNKT murines et humaines CD4+ peuvent sécréter simultanément des cytokines de type Th1 et Th2 (Wilson and Delovitch, 2003). Après une stimulation des cellules iNKT qui est dépendante de leur TCR, elles répondent rapidement contre l'antigène spécifique. Cet antigène ubiquitaire a été identifié : il s'agit de peptides qlycolipidiques présentés par le récepteur CD1d (Reilly et al., 2010; Wu and Van Kaer, 2011) (Figure 13). Certaines cellules iNKT peuvent aussi être activées de façon TCR-indépendante, suite à une stimulation par des cytokines IL-12, IL-18 et IFNα/β, mais aussi par le récepteur NKG2D ou dans un milieu inflammatoire. Enfin, il existe également des cellules iNKT17 qui produisent de l'IL-17 (Reilly et al., 2010).

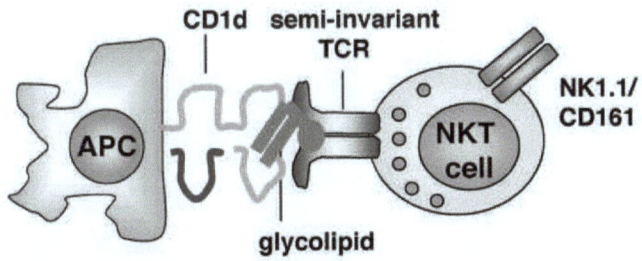

Figure 13 : Le TCR des cellules iNKT peut être activé par le glycolipide présenté par CD1d d'une cellule présentatrice d'antigène (Wu and Van Kaer, 2011).

- Les LTγδ possèdent des activités anti-tumorales et anti-infectieuses importantes (Nedellec et al., 2010). Ils sont régulés par des récepteurs activateurs et inhibiteurs. Comme les cellules NKT, ils peuvent être activés par des stimulations TCR-dépendantes et TCR-indépendantes. La majorité des LTγδ porte des chaines Vγ9Vδ2. Elles acquièrent un phénotype mémoire assez précocement et ont des fonctions effectrices de type Th1 et cytolytiques, c'est-à-dire que ces LTγδ sécrètent des cytokines de type pro-inflammatoires telles que l'IFN-γ. De plus, ces cellules coexpriment des récepteurs costimulateurs (CD28, LFA1), des récepteurs des cellules NK activateurs (NCR, NKG2D) et inhibiteurs (CD94/NKG2A) et des récepteurs activateurs Toll-Like (**T**oll-**L**ike **R**eceptors, TLR) (Nedellec et al., 2010) (Beetz et al., 2008) (Figure 14). Ces TLR sont spécifiques de différents ligands **P**athogen-**A**ssociated **M**olecular **P**atterns (PAMP) tels que des lipides, des protéines, des lipoprotéines et des acides nucléiques (Brown et al., 2011).

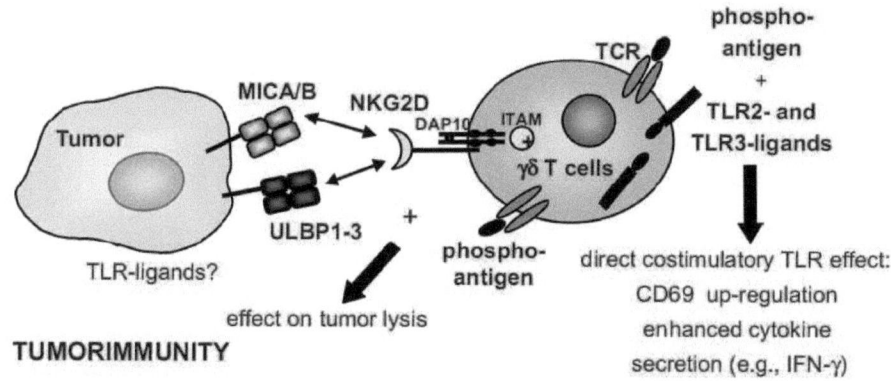

Figure 14 : La reconnaissance des cellules tumorales par les LTγδ (Beetz et al., 2008).

- Enfin les CD sont au cœur des SI inné et adaptatif et font le lien entre eux car elles jouent un rôle clé dans la présentation antigénique et donc la mise en place de la RI adaptatrice. Sur les sites d'inflammation, elles se chargent en peptides, qu'elles présenteront ensuite aux lymphocytes grâce à leurs molécules du CMH-I et du CMH-II. Une fois qu'elles ont chargé les peptides aux sites d'inflammation, elles migrent vers les organes lymphoïdes secondaires où elles présentent ces peptides sur leurs molécules CMH-I ou CMH-II aux lymphocytes CD8+ ou CD4+. Ceux-ci pourront alors s'activer. Elles permettent aussi l'activation des lymphocytes

NK. Ce sont des cellules spécialisées dans la présentation d'antigènes (**C**ellules **P**résentatrices d'**A**ntigène, CPA). Leurs caractéristiques sont détaillées plus loin dans ce chapitre.

2. Le système immunitaire adaptatif

Le SI adaptatif est la deuxième ligne de défense de l'organisme. Pour intervenir, il nécessite une reconnaissance spécifique des antigènes et une activation.

Les LT possèdent tous un récepteur TCR/CD3. Ils sont divisés en trois groupes principaux. Les LT auxiliaires CD4+ permettent l'activation des LT CD8+ effecteurs grâce à la sécrétion de cytokines et la costimulation par les récepteurs coactivateurs. Les LT CD8+ sont des lymphocytes effecteurs cytotoxiques. Les lymphocytes **T rég**ulateurs (Treg) sont des cellules inhibitrices qui régulent négativement les LT CD8+. Leurs caractéristiques sont détaillées plus loin dans ce chapitre.

Les LB sont les cellules qui produisent la réponse humorale **A**nti**c**orps (Ac) via la production d'anticorps spécifiques. On distingue les LB naïfs et matures, les plasmocytes et les LB régulateurs. Lors de la maturation des LB, les cellules se transforment en plasmocytes sécréteurs d'Ac spécifiques des antigènes reconnus par leur Ig de surface (DiLillo et al., 2010b). Des études récentes ont mis en évidence la présence de L**B rég**ulateurs (Breg). Ces Breg régulent négativement l'inflammation et les RI par la production d'IL-10 (Th2) (DiLillo et al., 2010a). Les LB mémoires participent activement à la mémoire immunologique spécifique. Ils sont produits après la réponse Ac réalisée par les plasmocytes.

III. Les cellules NK

1. Description

Les cellules NK sont des lymphocytes qui reconnaissent sur les cellules cibles le « soi altéré » et l'absence du « soi ». Le « soi » est représenté par les molécules du CMH-I de l'hôte, et le « soi altéré » est la présence en membrane de la cellule cible de l'hôte d'un trop grand nombre de signaux activateurs tels que la protéine MICA (Barreira da Silva and Munz, 2011). Les cellules NK sont les premières lignes de défense contre les organismes étrangers et les tumeurs. Elles permettent la mise en alerte de l'immunité adaptative.

Ce sont des lymphocytes de grande taille, qui représentent 5% à 15% des cellules mononucléées du sang périphérique chez l'homme. Elles sont peu abondantes dans les organes lymphoïdes secondaires car elles sont présentes essentiellement dans le sang, la rate et la moelle osseuse et elles ne migrent vers les tissus périphériques que lors des inflammations (Sheikhi et al., 2011).

Chez l'homme, la majorité des cellules NK expriment les récepteurs CD16 et CD56 mais pas le récepteur CD3 caractéristique des LT. Il existe deux populations majoritaires de cellules NK. 90% des cellules NK sont $CD56^{dim}/CD16+$: elles ont des activités cytotoxiques, un contenu granuleux et sont présentes majoritairement dans le sang et aux sites d'inflammation. Les 10% de cellules NK restants sont $CD56^{bright}/CD16-$: elles ont des activités immuno-modulatrices en sécrétant des cytokines (IFNγ, TNFα, GM-CSF, IL13, IL10). Ces NK sont présentes surtout dans les ganglions lymphatiques (Bryceson et al., 2006). Chez la souris, trois populations de cellules NK se différencient par les expressions de Mac-1 (CD11b) et CD27 : les cellules $Mac-1^{lo}/CD27^{hi}$ cytotoxiques et les plus immatures, les intermédiaires $Mac-1^{hi}/CD27^{hi}$ cytotoxiques et productrices de cytokines, et les cellules Mac-1^{hi}/CD27^{lo} productrices de cytokines et les plus matures (Vahlne et al., 2008).

Les cellules NK sont à l'interface entre le SI inné et le SI adaptatif. En effet, d'une part elles reconnaissent des cellules du « non-soi » et du « soi altéré » et peuvent les lyser, et d'autre part elles collaborent avec les CD. Cette collaboration est réciproque, c'est-à-dire que les cellules NK participent à la maturation des CD et que les CD permettent l'activation des cellules NK. Bien qu'initialement classées uniquement dans l'immunité innée, les cellules NK possèdent aussi des caractéristiques de l'immunité adaptative. Elles sont notamment « éduquées » et sélectionnées au cours de leur développement et elles peuvent même générer des cellules mémoires avec une longue durée de vie (Vivier et al., 2011). Ainsi, il a été décrit l'existence de cellules NK mémoires dans un modèle d'infection virale par le **C**yto**M**egalo**V**irus (CMV) murin qui sont spécifiques de la glycoprotéine virale m157. Ces cellules NK possèdent un récepteur Ly49H. Elles subissent un phénomène d'expansion clonale après reconnaissance de l'antigène m157 puis une phase de restriction des cellules effectrices résultant en la persistance de cellules NK mémoires à longue durée de vie, qui sont encore détectées des mois après l'infection virale initiale (Sun et al., 2009).

2. Balance des signaux

Les cellules NK sont constamment soumises à de nombreux signaux qui vont déterminer leur état d'activation. On parle de balance d'activation. Les cellules NK peuvent être activées de plusieurs façons, soit en réponse aux cytokines produites lors de l'inflammation, soit en réponse à des cibles cellulaires reconnues comme du « non-soi ». Quand les signaux activateurs sont prédominants sur les signaux inhibiteurs, les cellules NK sont activées, elles sont alors cytotoxiques et elles sécrètent des cytokines pro-inflammatoires (Bryceson et al., 2006; Vivier et al., 2011) (Figure 15).

Les récepteurs activateurs sont de plusieurs types. Ils présentent des motifs **I**mmunoreceptor **T**yrosine-based **A**ctivation **M**otif (ITAM) : les **N**atural **C**ytotoxic **R**eceptors (NCR), **DN**AX **A**ccessory **M**olecule-1 (DNAM-1) et **NK** **G**oup **2** member **D** (NKG2D). Le récepteur NKG2D est l'un des récepteurs activateurs les plus étudiés. Suite à la reconnaissance d'un ligand par un récepteur activateur, les cellules NK sont activées : elles prolifèrent, ont des fonctions cytotoxiques et sécrètent des cytokines.

Les récepteurs inhibiteurs présentent des motifs **I**mmunoreceptor **T**yrosine-based **I**nhibitory **M**otif (ITIM) : les **K**iller **C**ell **I**mmunoglobulin-like **R**eceptors (KIRs) chez l'homme et Lectin-like Ly49 chez les rongeurs qui reconnaissent les molécules du CMH-I, ainsi que les récepteurs CD94/**NK** **G**oup **2** member **A** (NKG2A). Lorsque ces récepteurs inhibiteurs reconnaissent leur ligand, ils bloquent l'activation et la fonction cytotoxique des cellules NK ainsi que leur sécrétion de cytokines.

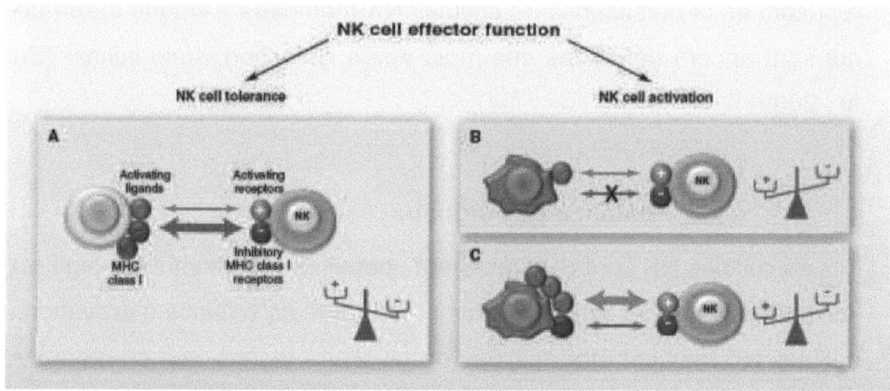

Figure 15 : La balance d'intégration des signaux activateurs et inhibiteurs des cellules Natural Killer (Vivier et al., 2011).

3. Action des cellules NK

Lorsque la balance des signaux intégrés par les cellules NK penche en faveur de leur activation, il se passe deux phénomènes. Il y a d'une part une activité cytotoxique qui se met en place avec la dégranulation dans le milieu extracellulaire des vésicules contenant des perforines et des granzymes B sécrétés par les cellules cytotoxiques CD56^{dim}/CD16+, et d'autre part les cellules immuno-modulatrices CD56^{bright}/CD16- se mettent à relarguer des cytokines pro-inflammatoires, telles que l'IFNγ, le TNFα et le GM-CSF (Cullen et al., 2010; Trapani and Smyth, 2002).

4. Le récepteur NKG2D et ses ligands

a) Le récepteur NKG2D

Le récepteur NKG2D est impliqué dans la surveillance de nombreux processus : infections virales, transformations cancéreuses, maladies auto-immunes et réactions lors des transplantations d'organes. Il joue un rôle clé dans la régulation de la cytotoxicité des cellules NK (Zafirova et al., 2011).

Chez l'homme, ce récepteur est exprimé sur toutes les cellules NK et tous les LT CD8+ αβ. On le retrouve également à la surface de la plupart des cellules NKT et LTγδ. Il n'est exprimé sur les LT CD4+ αβ qu'en situation pathologique, comme dans les cas d'infections virales par le CMV humain (Saez-Borderias et al., 2006). C'est une glycoprotéine transmembranaire de type II qui se présente en homodimère, contrairement aux autres membres de la famille NKG2. Il possède un domaine C-type lectin, qui entraine la nécessité de la présence de calcium lors de la liaison du récepteur NKG2D avec ses ligands. Son domaine intracellulaire étant court et ne possédant pas de propriété de transduction du signal, NKG2D est associé aux protéines adaptatrices DAP10 avec lesquelles il forme un complexe hexamèrique capable de transduire les signaux d'activation dans les cellules NK (Lanier, 2008; Zafirova et al., 2011) (Figure 16).

Chez la souris, NKG2D est exprimé sur toutes les cellules NK, la plupart des cellules NKT et LTγδ, comme chez l'homme. Toutefois, il n'est exprimé que sur les LT CD8+ αβ activés et mémoires. Ce récepteur possède deux domaines intracellulaires courts (**NKG2D-S**hort, NKG2D-S) ou longs (**NKG2D-L**ong, NKG2D-L, équivalents de ceux retrouvés chez l'homme), différents de 13 résidus d'acides aminés. Le récepteur NKG2D-S s'associe avec les deux protéines adaptatrices DAP10 et DAP12 (aussi appelé KARAP). En revanche, comme chez l'homme, NKG2D-L ne semble être associé qu'avec DAP10 car aucune association avec DAP12 n'a été montrée (Figure 16). Le récepteur NKG2D-L est exprimé par les cellules NK au repos, alors que le récepteur NKG2D-S est induit durant l'activation des cellules NK (Diefenbach et al., 2002; Nausch and Cerwenka, 2008). L'activation du récepteur NKG2D est essentielle dans l'immunosurveillance des tumeurs car des souris déficientes en NKG2D meurent précocement de cancers variés, majoritairement des lymphomes (Guerra et al., 2008).

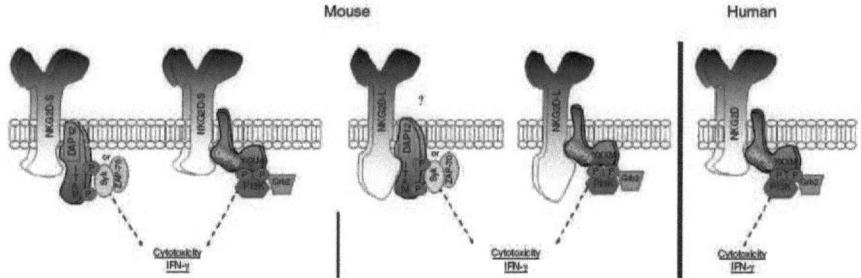

Figure 16 : Le récepteur NKG2D et ses protéines adaptatrices DAP10 et DAP12 (Nausch and Cerwenka, 2008)

b) Les protéines adaptatrices de NKG2D

De récents travaux montrent que la signalisation induite par NKG2D/DAP est amplifiée par celle induite par le récepteur à l'IL-15 qui est nécessaire au développement et à la survie des cellules NK (Horng et al., 2007; Zafirova et al., 2011) (Figure 17).

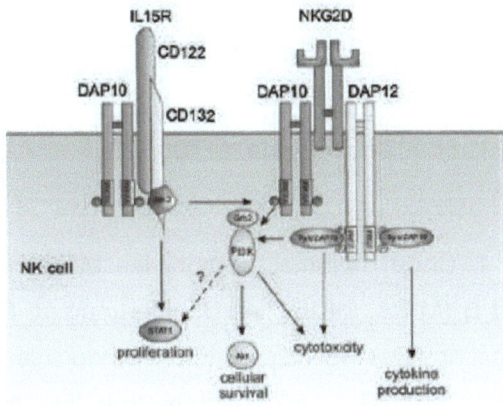

Figure 17 : La signalisation couplée entre l'activation par le récepteur NKG2D et le récepteur à l'IL-15 (Zafirova et al., 2011).

DAP10 est une protéine adaptatrice de 10 kDa, présentant un motif YINM qui permet sa phosphorylation et le recrutement de Grb2/Vav1 et ainsi de la PI3K (Zafirova et al., 2011). Dans les lymphocytes, les signaux générés par la phosphorylation de DAP10 et les recrutements de Grb2/Vav1 et PI3K promeuvent la survie et la cytotoxicité dans les cellules NK, et la costimulation dans les LT. Les souris déficientes en DAP10 ne présentent pas de défaut dans le développement des cellules NK, probablement grâce à la complémentarité exercée par DAP12. Toutefois, lorsque DAP10 est constitutivement ubiquitinylé, et de ce fait adressé au protéasome pour être dégradé, les LT n'expriment plus NKG2D et les cellules NK ont un défaut de développement car peu de cellules NK expriment alors NKG2D. Dans ce cas, on n'observe qu'une faible compensation par DAP12, et il n'y a pas d'association avec la signalisation induite par le récepteur à l'IL-15.

DAP12 est une protéine adaptatrice de 12 kDa, possédant un domaine ITAM. Lors de sa phosphorylation, elle recrute ZAP70 et Syk. Cette signalisation permet le relargage de cytokines et de promouvoir la cytotoxicité des cellules NK (Bryceson et al., 2006).

c) Les ligands de NKG2D

NKG2D possède plusieurs ligands qui ont tous une structure proche de celle du CMH-I. Chez l'homme, ce sont les **M**HC class **I** **C**hain-related proteins **A** and **B** (MICA, MICB), les **U**nique-**L**ong 16 **B**inding **P**roteins 1-4 (ULBP1-4) aussi appelés **R**etinoic **A**cid **E**arly-inducible **T**ranscript (RAET1I, 1H, 1N, 1E), et RAET1G. Chez la souris, trois ligands sont actuellement identifiés : le **R**etinoic **A**cid **E**arly-inducible **1** (RAE-1), le **M**urine **ULBP**-like **T**ranscript **1** (MULT1) et l'antigène mineur d'histocompatibilité H-60 (Nausch and Cerwenka, 2008; Raulet, 2003) (Figure 18). Cette grande diversité des ligands n'est pas encore expliquée : en effet, quelque soit le ligand qui se fixe sur le récepteur NKG2D, il y a toujours une activation des cellules NK. Cependant, il a été montré par plusieurs équipes que les ligands possèdent des affinités différentes pour NKG2D et que ces différences d'affinité pourraient induire des niveaux d'activation variables du récepteur et donc des cellules NK (Raulet, 2003). MULT1 est le ligand murin qui possède le plus d'affinité pour NKG2D, et chez l'homme, c'est le polymorphisme de la protéine MICA qui permet de modifier cette affinité.

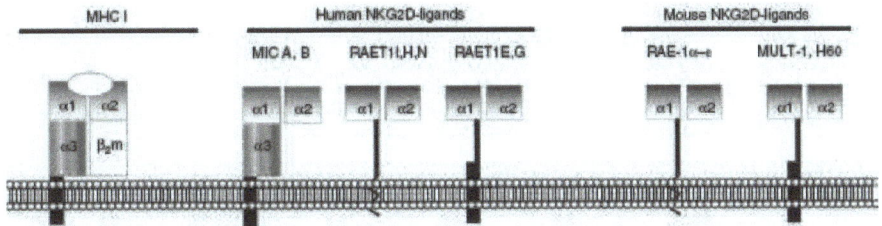

Figure 18 : Les ligands humains et murins de NKG2D et le complexe CMH-I associé à la β2-microglobuline et à un peptide (Nausch and Cerwenka, 2008).

o **Le ligand MICA**

MICA est le ligand de NKG2D le plus étudié. C'est une protéine transmembranaire de 43 kDa, qui possède un fort polymorphisme, en effet 65 allèles ont été identifiés à ce jour (Cerwenka and Lanier, 2003; Choy and Phipps, 2010). MICA est exprimé de façon physiologique uniquement à la surface des cellules épithéliales intestinales. Elle est surexprimée à la surface de nombreuses tumeurs, dont le mélanome (Pende et al., 2002), mais tous les mélanomes n'expriment pas MICA. Parmi nos neuf lignées cellulaires de mélanome provenant de la Ludwig Institut Cancer Research de Bruxelles, trois lignées l'expriment fortement (LB1319-MEL, BB74-MEL, LB39-MEL) et 40% de la lignée MZ2-MEL.3.0 exprime MICA. Parmi les nombreuses régulations de l'expression de MICA, les plus fréquentes sont les régulations transcriptionnelles ou traductionnelles réalisées par les Heat-Shock proteins (Elsner et al., 2010). Mais il existe aussi des régulations par l'IFN-α et l'IFN-γ (Schwinn et al., 2009; Zhang et al., 2008), par les micro-ARN (Yadav et al., 2009) et par des dommages à l'ADN (Gasser et al., 2005). MICA peut également être clivé par des **M**etallo**P**rotéinases (MMP) (Salih et al., 2002), et se retrouver sous forme soluble dans le sérum des patients. Cette forme soluble est délétère pour la RI anti-virale ou anti-tumorale induite par les cellules NK et les LT car l'interaction entre NKG2D et MICA soluble provoque l'internalisation de NKG2D, et ainsi une diminution de la reconnaissance des cellules anormales, stressées ou tumorales par les cellules NK et les LT (Paschen et al., 2009).

- **Le ligand RAE-1**

RAE-1 est le ligand murin de NKG2D le plus étudié. Il possède 5 isoformes ($\alpha, \beta, \gamma, \delta, \varepsilon$). C'est une protéine de 24 kDa, accrochée à la membrane plasmique par une ancre **G**lycosyl-**P**hosphatidyl**I**nositol (GPI). RAE-1 est exprimé lors du développement embryonnaire puis il est dérégulé. Mais il est réexprimé sur de nombreuses tumeurs, telles que des lymphomes, des myélomes et des lignées de carcinomes (Diefenbach et al., 2000). L'expression de RAE-1 est régulée par l'acide rétinoïque (d'où son nom), mais également par des dommages à l'ADN (Cerwenka and Lanier, 2003). RAE-1 est un antigène tumoral intéressant car Diefenbach *et al.* (Diefenbach et al., 2001) ont montré qu'il est impliqué dans le rejet des tumeurs via l'action des cellules NK.

IV. Les cellules dendritiques (CD)

Les CD sont des cellules spécialisées dans la présentation d'antigènes (CPA), et elles jouent aussi le rôle de sentinelles du SI (Banchereau and Steinman, 1998). Ce sont principalement ces cellules qui font le lien entre les SI inné et adaptatif. D'une part dans le SI inné, les CD intègrent une grande quantité de signaux de l'environnement par phagocytose, détection par les ligands des TLR et détection des cytokines pro-inflammatoires ; d'autre part dans le SI adaptatif, elles présentent les antigènes qu'elles ont capturés aux lymphocytes et permettent ainsi leur activation.

1. **Description**

Les CD sont présentes dans le sang périphérique, dans tous les organes lymphoïdes (thymus, ganglions lymphatiques, moelle osseuse, amygdales et rate) et dans certains tissus non lymphatiques (foie, reins, peau et colon) (Barreira da Silva and Munz, 2011). Après avoir détecté un trouble de l'homéostasie et avoir capturé des antigènes, les CD maturent en migrant vers les organes lymphoïdes secondaires dans lesquelles elles deviennent des CPA et peuvent alors induire l'activation des lymphocytes effecteurs LT et NK.

Les CD sont généralement classées en trois groupes : les CD plasmacytoïdes, les CD conventionnelles et les CD inflammatoires (Zitvogel et al. 2011; Barreira da Silva and Munz, 2011). Les plasmacytoïdes sont des cellules latentes, c'est-à-dire qu'elles prolifèrent peu et nécessitent des stimuli pour s'activer. Les CD conventionnelles ont des dendrites et sont soit des CD migratoires soit des CD résidentes des tissus lymphoïdes. Les CD inflammatoires ne sont pas dans un état de latence, mais elles se différencient à partir des précurseurs après une infection ou un signal de stress. Dans la peau, on trouve les CD dermiques et les CD épidermiques (aussi appelées cellules de Langherans) (Zitvogel et al. 2011).

Les CD expriment à leur surface des glycoprotéines membranaires de CMH-I et de CMH-II sur lesquelles sont présentés des peptides antigéniques aux LT.

2. De la capture à la présentation de l'antigène

Les CD immatures possèdent une forte activité endocytique. La capture d'un antigène peut se faire par phagocytose, pinocytose et endocytose via des récepteurs membranaires. Après avoir internalisé l'antigène, celui-ci est amené au protéasome pour être clivé en peptides. Ces peptides antigéniques sont alors transportés grâce aux transporteurs TAP1/TAP2 à l'intérieur du réticulum endoplasmique où ils sont chargés sur les molécules du CMH-I (Tacken et al., 2007). Dans le réticulum endoplasmique des associations entre les CMH-I, les peptides et des molécules de β2-microglobuline se forment. Sous cette forme, les CMH-I sont stabilisés et sont adressés à la membrane plasmique. En ce qui concerne les peptides provenant de protéines exogènes, ils sont adressés aux endosomes, puis chargés par cross-présentation sur les CD.

3. Migration et maturation

Les CD immatures se différencient en CD matures après reconnaissance d'un signal de stress. Certains de ces signaux peuvent être détectés par les **T**oll-**L**ike **R**eceptor (TLR). Pendant la maturation des CD, les récepteurs aux chimiokines sont surexprimés, ce qui permet la migration des CD vers les organes lymphoïdes secondaires. Les CD vont alors présenter les peptides capturés via leur CMH-I et CMH-II et sécréter des cytokines pro-inflammatoires, ce qui va activer les LT naïfs. Les LT CD8+ sont activés via l'interaction avec les complexes CMH-I/peptide et les LT CD4+ le sont via les complexes CMH-II/peptide (Baumgartner and Malherbe, 2011) (Figure 19). Les CD peuvent aussi activer les cellules NK via les cytokines pro-inflammatoires et la liaison de plusieurs ligands activateurs des cellules NK (NKG2DL, LFA-1) (Barreira da Silva and Munz,

2011) (Figure 20). Les CD, devenues des CPA, activent pleinement les lymphocytes grâce aux interactions entre les molécules de costimulation qu'elles expriment et leurs ligands présents sur les lymphocytes. Cet aspect sera détaillé plus avant.

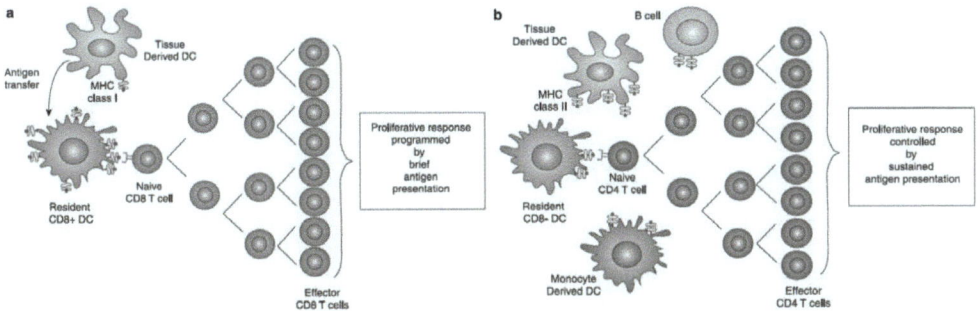

Figure19 : La maturation des LT CD8+ (a) et CD4+ (b) par les CD (Baumgartner and Malherbe, 2011).

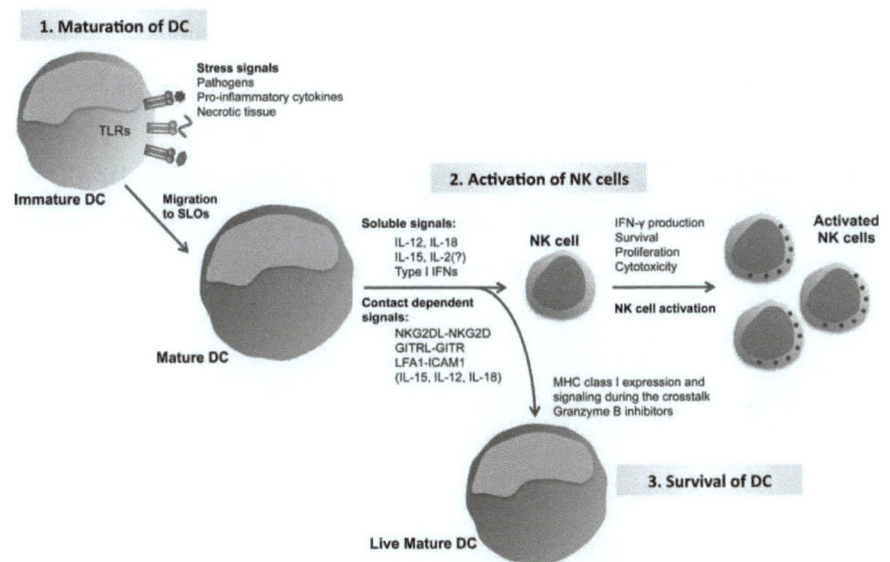

Figure 20 : L'activation des cellules NK par les CD (Barreira da Silva and Munz, 2011).

V. Les lymphocytes T (LT)

Pour être fonctionnels, les LT nécessitent plusieurs signaux successifs d'activation. Il existe plusieurs sous-populations de LT qui expriment les corécepteurs CD4 ou CD8 qui permettent de les différencier fonctionnellement en auxiliaires, effecteurs cytotoxiques ou régulateurs et au niveau de leur restriction CMH-I ou CMH-II.

1. Les LT CD4+

Les LT CD4+ nécessitent au moins deux signaux : la reconnaissance du complexe CMH-II/peptide par le TCR des LT, et l'interaction entre des récepteurs et leurs ligands de costimulation. Les LT CD4+ auxiliaires sont divisés en trois groupes en fonction du type de cytokines qu'ils produisent : Th1, Th2 et Th17 (Figure 21).

Les LT CD4+ de type Th1 sont pro-inflammatoires et sécrètent essentiellement de l'IFN-γ, du TNF-α, de l'IL-2 et de l'IL-12. Ils favorisent la différenciation des LT CD8+ en lymphocytes cytotoxiques (**C**ytotoxic **T** **L**ymphocyte, CTL). Dans les tumeurs, l'activité des cellules LT CD4+ Th1 est essentiellement anti-tumorale car elles favorisent l'activité des cellules cytotoxiques anti-tumorales (Koido et al., 2010).

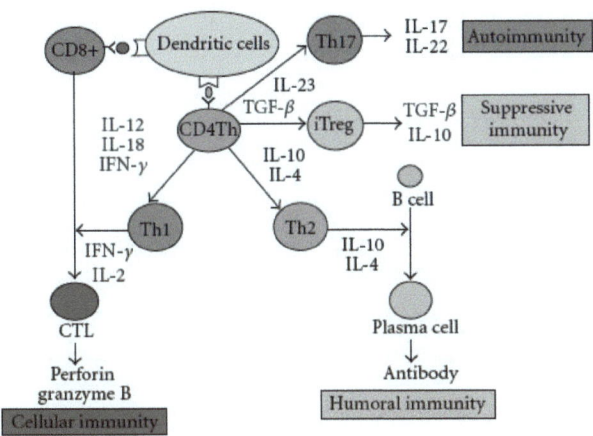

Figure 21 : Les réponses lymphocytaires T activées par les CD (Koido et al., 2010).

Les LT CD4+ de type Th2 sont anti-inflammatoires et sécrètent plutôt de l'IL-4, IL-5, IL-10 et IL-13. Ils permettent l'activation des LB et des éosinophiles qui promeuvent la sécrétion d'Ac IgE (Berger, 2000; Koido et al., 2010) (Figure 21). Les LT CD4+ régulateurs (Treg) se différencient suite à une stimulation des LT naïfs par du TGF-β. Ils sont caractérisés par la coexpression de CD25 (marqueur d'activation) et du facteur de transcription FoxP3. Ces lymphocytes sont nécessaires pour le maintien de la tolérance immunologique au soi et l'homéostasie immune. Ils sont aussi très actifs dans le micro-environnement tumoral du mélanome où ils sont attirés par des chimiokines, telles que CCL22 et CCL2 (Jacobs et al., 2012) (Figure 22).

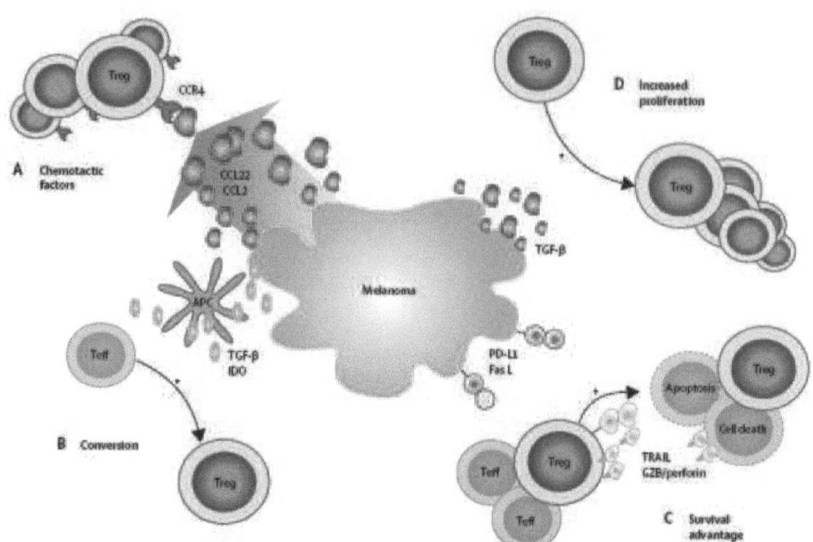

Figure 22 : L'attraction des Treg par les cellules de mélanome (Jacobs et al., 2012). (A) Les Treg sont attirés par les cellules de mélanomes. (B) Suite à l'action immunosuppressive des CPA (APC) les LT effecteurs peuvent être convertis en Treg. (C) Les Treg induisent l'apoptose des LT effecteurs. (D) Les Treg prolifèrent.

Les LT CD4+ se différencient en sous-type Th17 suite à une stimulation par le TGF-β et l'IL-6 ou l'IL-21 et ils sont stabilisés par l'IL-23 (Awasthi and Kuchroo, 2009) (Figure 23). Ils sécrètent de l'IL-6, IL-17, IL-22, IL-23 et du TNF-α et ils sont également caractérisés par le facteur de transcription RORγt. Ils sont surtout associés à des maladies auto-immunes, mais sont aussi décrits comme favorisant les étapes initiales de la progression tumorale (Wilke et al., 2011).

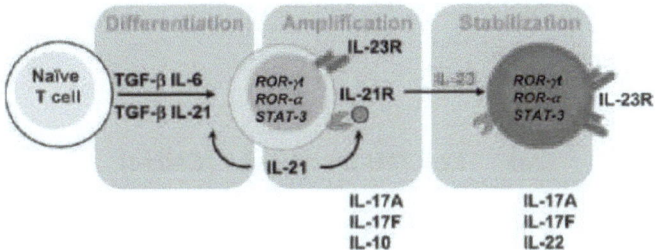

Figure 23 : Les productions des LT CD4+ de type Th17 (d'après (Awasthi and Kuchroo, 2009)).

2. Les LT CD8+

Pour activer un LT CD8+, il faut deux signaux. Le premier signal est délivré suite à la reconnaissance du complexe CMH-I/peptide par le TCR. Ce premier signal seul n'est pas suffisant pour induire l'activation du LT. En effet, lorsque des cellules naïves ne reçoivent que le signal transmis par le TCR suite à la reconnaissance de son complexe spécifique CMH-I/peptide, les cellules entrent soit en anergie (en latence), soit en mort par apoptose. Le deuxième signal nécessaire à l'activation des LT est une interaction entre les molécules de costimulation. Ce signal est indispensable à la différenciation, la survie et la prolifération. Pour parfaire l'activation des LT, un troisième signal de prolifération est délivré par des cytokines sécrétées par les CPA. Ce troisième signal permet en général d'instruire le lymphocyte vers un type d'effecteur. Lorsque les LT CD8+ sont activés, ils se différencient en **C**ytotoxic **T L**ymphocytes (CTL) effecteurs capables de lyser des cellules cibles dont des cellules infectées par des virus ou des cellules tumorales (Smith-Garvin et al., 2009). Lorsque les CTL lysent les cellules cibles, ils expriment à leur membrane les marqueurs CD107a et CD69, induisent la mort des cellules cibles par apoptose via plusieurs mécanismes : la sécrétion des perforines et des granzymes B, et l'expression de ligands des récepteurs de mort tels que **Fas L**igand (FasL) et TRAIL (Cullen et al., 2010).

a) *Le CMH de classe I (CMH-I)*

Le premier signal reconnu par les TCR des LT est donc le complexe CMH/peptide. Le CMH-I doit être stabilisé à la membrane des cellules par son association avec le peptide qu'il présente et une molécule de β2-microglobuline. La voie d'apprêtement de ce peptide est donc très importante pour obtenir une bonne reconnaissance du complexe par le TCR. Si seul le TCR est engagé sur les LT, sans costimulation, il en résulte un état d'anergie (Driessens et al., 2009) qui inactive les lymphocytes.

Chez l'homme, les molécules du CMH-I sont aussi appelées **H**uman **L**eucocyte **A**ntigen (HLA), et se classent en HLA-A, B et C. Chez la souris, on les retrouve sous le nom de H-2, classées en H-2K, D, L. La molécule du CMH-I est formée par l'association non covalente d'une chaîne légère non polymorphe : la β2-microglobuline et d'une chaîne lourde α polymorphique. La chaîne α est constituée de trois domaines extracellulaires (α1, α2, α3), d'une région transmembranaire et d'une région cytoplasmique. La structure tridimensionnelle de la molécule fait apparaître une cavité entre les domaines α1 et α2 dont le fond est un feuillet β plissé et les bords des hélices α. C'est dans cette zone que se situent les résidus polymorphiques qui vont interagir avec les peptides des molécules antigéniques et permettre de cette façon la présentation antigénique de peptides d'une longueur définie (9-10 acides aminés) (Achour et al., 2006; Bjorkman et al., 1987) (Figure 24).

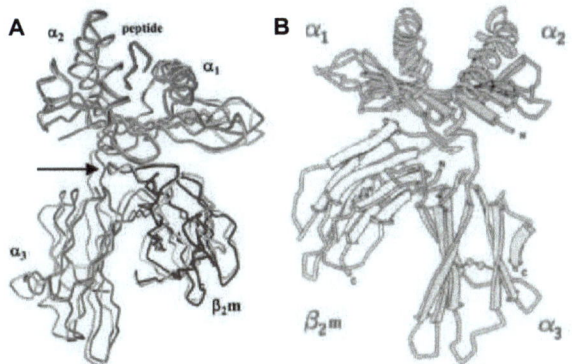

Figure 24 : La structure du CMH-I associé à un peptide et à une molécule de β2-microglobuline : (A) H2-Db (Achour et al., 2006) et (B) HLA-A2 (Bjorkman et al., 1987). La flèche montre la liaison entre la chaine α et la β2-microglobuline.

b) Le CMH de classe II (CMH-II)

Les molécules du CMH-II (HLA-DR, DP, DQ chez l'homme et H2-IA, IE chez la souris) sont exprimées essentiellement à la surface des CPA qui regroupent les CD, les monocytes, les macrophages et certains LB.

Les CMH-II présentent aux LT CD4+, des peptides provenant de protéines exogènes phagocytées, entraînant ainsi la prolifération et la différenciation de clones de LT CD4+ (Wang et al., 2007) (Figure 25).

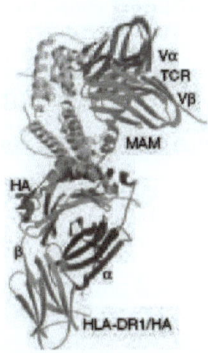

Figure 25 : le complexe CMH-II HLA-DR couplé au peptide MAM (Wang et al., 2007)

c) *Les molécules de costimulation*

Le deuxième signal d'activation des LT passe par les molécules de costimulation. Elles se divisent en deux grandes familles par homologie structurelle : la superfamille des **I**mmunoglobulines (Ig) et la superfamille du **T**umor **N**ecrosis **F**actor (TNF). La fonction d'une molécule de costimulation dépend de son temps d'action (précoce ou tardif), d'où leur fine régulation.

- ***La costimulation par le récepteur CD28 et ses ligands activateurs CD80/CD86***

Le couple CD28 – CD80/CD86 est le plus étudié dans la superfamille des Ig (Olive, 2006) (Figure 26).

CD28 est crucial dans les phases d'initiation de l'activation de LT. Les protéines CD80 et CD86 sont aussi appelées B7-1 et B7-2. Suite à la liaison de CD80 ou de CD86 sur CD28, la survie des LT est augmentée ainsi que la sécrétion des cytokines via une augmentation de leur transcription (Linsley et al., 1991) et de la stabilité de leur ARNm (Lindstein et al., 1989). L'équipe a précédemment montré que des cellules de mélanome murin B16F10 traitées avec une combinaison pharmacologique d'IFN-γ et d'inhibiteurs de la voie du mévalonate, dont les statines et l'inhibiteur de la géranylgéranyl-transférase, présentaient une surexpression membranaire de CD80 et CD86 (Tilkin-Mariame et al., 2005).

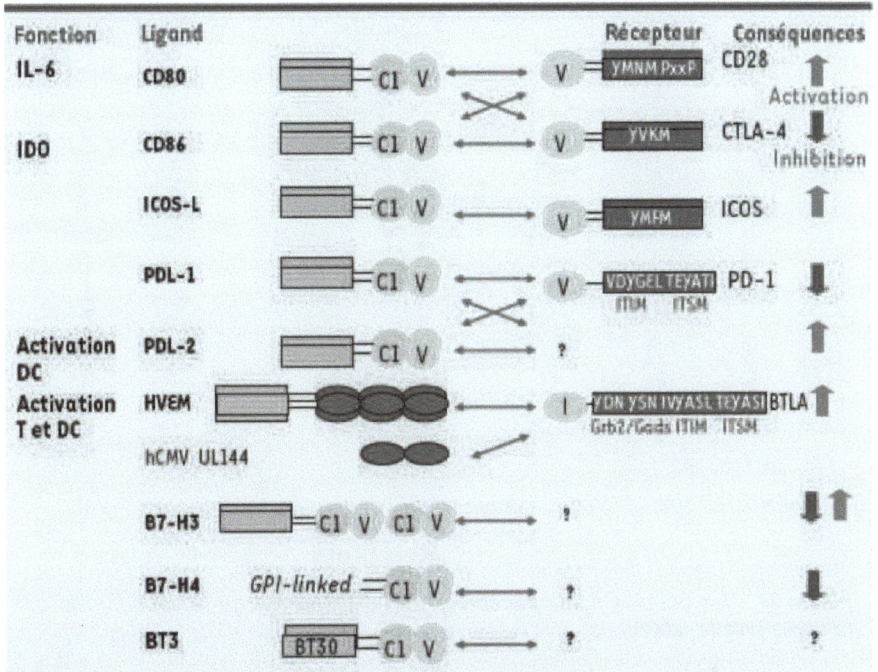

Figure 26 : Les couples ligand/récepteur de la superfamille des Ig (Olive, 2006).

- **La costimulation par le récepteur CD27 et son ligand CD70**

Parmi les molécules de costimulation appartenant à la superfamille du TNF, on retrouve CD40/CD40L, 4-1BB/4-1BBL, CD30/CD30L, OX40/OX40L, HVEM/LIGHT, GITR/GITRL et CD27/CD70 (Kober et al., 2008; Watts, 2005) (Figure 27).

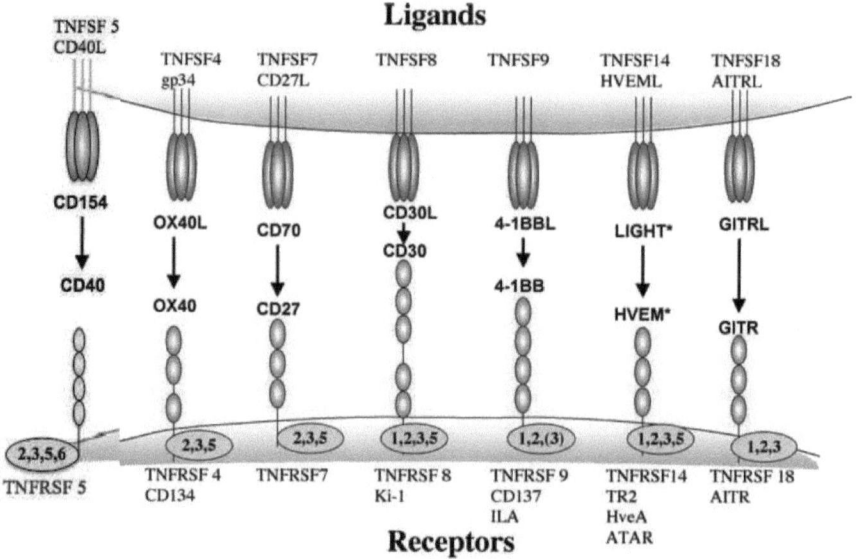

Figure 27 : les couples ligand/récepteur de costimulation de la superfamille des TNF (d'après (Watts, 2005)).

Le couple CD27-CD70 a été particulièrement étudié (Denoeud and Moser, 2011; Nolte et al., 2009). Le récepteur CD27 est une glycoprotéine de type I, qui se présente sous forme dimérique liée par un pont disulfure. CD27 est exprimé sur les thymocytes précoces, les LT CD4+ et CD8+ naïfs, les cellules NK activées et les LT de la mémoire centrale. Il est exprimé au cours de l'activation puis diminue après plusieurs cycles de division et de différenciation en effecteurs immuns. Sur les cellules NK, CD27 permet de différencier les différentes sous-populations (comme expliqué plus haut) (Vahlne et al., 2008). Le domaine intracellulaire de CD27 ne possède pas de domaine de mort mais deux types de protéines se fixent dessus : les protéines adaptatrices TRAF et les protéines pro-apoptotiques SIVA. TRAF2 et TRAF5 permettent le recrutement et l'activation de **N**F-κB **I**nducing **K**inase (NIK) et ainsi l'activation de NF-κB.

Via TRAF2, il y a également activation de **J**un **N**-terminal **K**inase (JNK) via la voie des MAPK. Ces deux voies métaboliques induisent des signaux anti-apoptotiques de survie cellulaire (Yamamoto et al., 1998). Toutefois, CD27 peut au contraire induire des signaux de mort via les protéines pro-apoptotiques SIVA1 et SIVA2 (Prasad et al., 1997; Yoon et al., 1999). C'est une voie alternative conduisant à l'apoptose (Figure 28).

CD70 (CD27L) est une protéine transmembranaire de type II, elle s'exprime et est active sous forme homotrimérique à la membrane. Son expression est restreinte et dépendante de l'état d'activation des cellules. Elle est exprimée de façon transitoire sur les LT, LB et les CD, suite à une stimulation par un récepteur antigénique ou un TLR (Hintzen et al., 1994; Polak et al., 2012; Tesselaar et al., 2003). Elle peut aussi être surexprimée en réponse à IL-1α, IL-12, GM-CSF ou TNFα, ou au contraire réprimée par l'IL-4 ou l'IL-10 (Nolte et al., 2009). De façon inattendue, CD70 a été retrouvé à la surface de plusieurs tumeurs, telles que les glioblastomes, les carcinomes thymiques et rénaux, les leucémies lymphoïdes chroniques et les lymphomes non Hodgkiniens (Aulwurm et al., 2006; Diegmann et al., 2006; Glouchkova et al., 2009; Wischhusen et al., 2002). L'équipe du Pr. L. López-Botet (Garcia et al., 2004) a montré qu'il existait des signalisations intracellulaires via CD70 dans des cellules lymphocytaires. Ces signalisations passent par la voie des MAPK et la PI3K pour induire la cytotoxicité lymphocytaire et l'activation du cycle cellulaire. Ils ont également montré une activation de la PLCγ (Figure 28).

L'interaction entre CD27 et CD70 entraîne une trimérisation de CD27 qui induit une cascade d'activations impliquant les molécules TRAF ou SIVA. Dans les LB, l'activation de CD27 induit leur transformation en plasmocytes. Cette interaction entraine la prolifération et la survie des LT, notamment l'établissement du profil CD4+ Th1 auxiliaire. Plusieurs lignées de souris CD70-Tg ont été créées, elles montrent que l'expression de CD70 sur les sous-populations de cellules du SI affecte les populations de LT aux alentours. En effet, si CD70 est exprimé de façon constitutive sur les LB (souris CD19-CD70 Tg) (Arens et al., 2001) ou sur les CD (souris CD11b-CD70 Tg) (Keller et al., 2008) il y a une stimulation constitutive de CD27 qui entraine les LT vers la voie de différenciation en effecteurs CD8+ producteurs d'IFNγ. On observe alors une déplétion progressive des LT naïfs dans les organes lymphoïdes. Ces souris meurent entre 6 et 8 mois d'infections opportunistes. L'équipe a précédemment montré que l'expression tumorale de CD70 ou la coexpression de CD40L (une autre molécule de costimulation de la superfamille du TNF) et de CD70 avec une molécule de CMH-I allogénique (H-2Kd) dans les cellules de mélanome murin B16F10 induisait une forte immunité anti-tumorale (Cormary et al., 2004; Cormary et al., 2005).

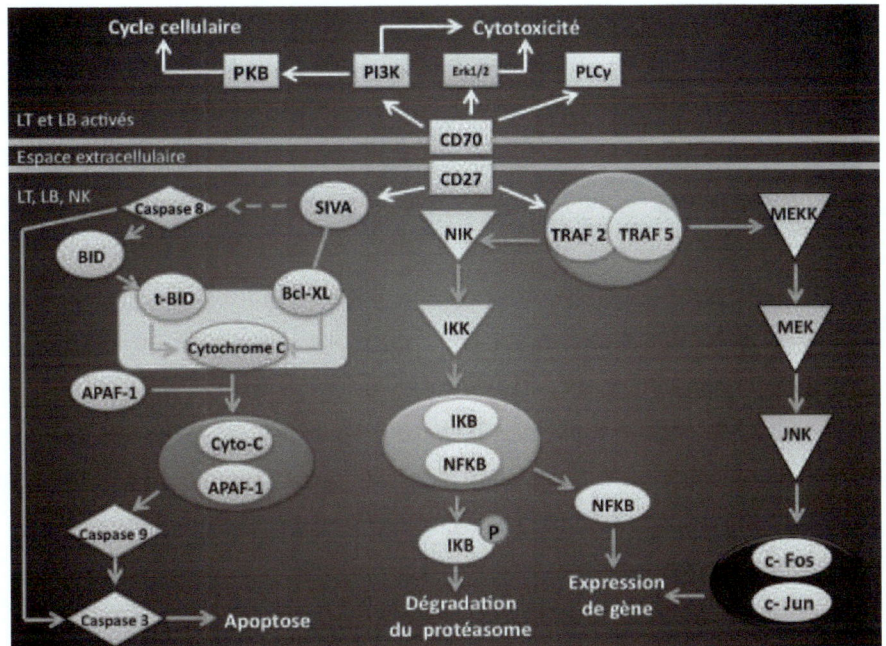

Figure 28 : Les cascades de signalisation induites par la liaison entre CD27 et CD70 (d'après (Garcia et al., 2004; Prasad et al., 1997; Yamamoto et al., 1998; Yoon et al., 1999)).

d) Les molécules de corépression

Comme il existe des molécules de costimulation pour activer les LT, il existe également des molécules de corépression pour limiter leur action (Driessens et al., 2009).

- ○ *La corépression par le récepteur CTLA-4 et ses ligands CD80/CD86 :*

La molécule de corépression la plus étudiée est le **C**ytotoxic **T L**ymphocyte **A**ntigen-**4** (CTLA-4/CD152). Elle appartient à la superfamille des Ig. Comme il a été indiqué dans la partie **Essais cliniques** du chapitre **Le mélanome**, c'est à l'heure actuelle une cible des traitements cliniques exploratoires d'immunothérapie. C'est une protéine très homologue à CD28 qui est induite suite à l'activation des LT. Elle s'exprime tardivement ou simultanément avec CD28 ou sur des sous-populations différentes de LT (Krummel and Allison, 1995). La liaison CTLA-4 – CD80/CD86 entraine des signaux régulateurs négatifs des fonctions des LT : les LT sécrètent des cytokines anti-inflammatoires comme le TGF-β, et les CPA des inhibiteurs des LT comme IDO (Rudd, 2008) (Figure 29). De plus, CTLA-4 est très fortement exprimé sur les Treg, sous le contrôle de Foxp3 (Wu et al., 2006) dans lesquels CTLA-4 module leur activité. Cibler CTLA-4 avec un anticorps régule ainsi négativement l'activité des Treg ce qui permet une augmentation de l'activation des CTL, une inhibition de la maturation des CD et par conséquent favorise la réponse immune anti-tumorale.

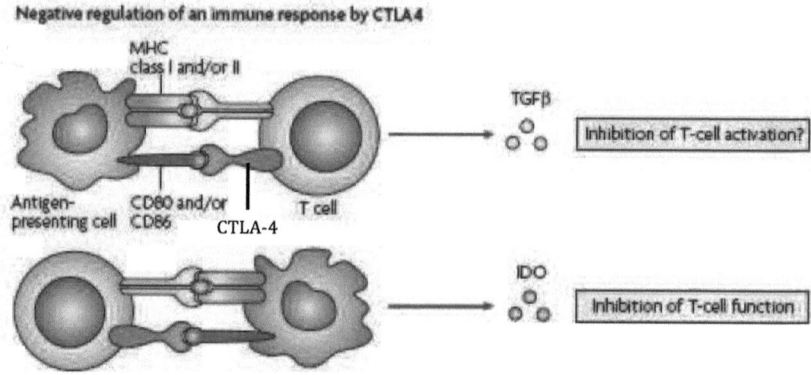

Figure 29 : L'inhibition de la RI par CTLA-4 (d'après (Rudd, 2008)).

- o **La corépression par le récepteur PD-1 et son ligand PD-1L :**

Une autre molécule très étudiée de cette superfamille des Ig est **P**rogrammed cell **D**eath-**1** (PD-1/CD279). PD-1 est un récepteur corépresseur sur lequel se fixent les molécules **PD-1 L**igand (PD-1L/B7-H1/CD274) et PD-2L (B7-DC/CD273) (Nurieva et al., 2009). PD-1 est exprimé sur les LT, LB, cellules NKT activés ainsi que sur les monocytes et CD activés. PD-1L appartient aussi à la superfamille des Ig, il est exprimé à la surface des LT et LB activés, des monocytes et CD, et des cellules endothéliales. L'interaction PD-1/PD-1L entraîne l'inhibition de l'activation de la **P**hospho**I**nositide **3 K**inase (PI3K) qui est induite suite à l'interaction de CD28 avec ses ligands activateurs CD80/CD86 (Keir et al., 2008) (Figure 30). C'est une voie inhibitrice très étudiée et porteuse d'espoir dans les traitements des maladies auto-immunes. De plus, PD-1L est exprimé à la membrane de nombreuses tumeurs telles que des carcinomes pulmonaires, des cancers ovariens et coliques et des mélanomes (Dong et al., 2002). Dans ces tumeurs, PD-1L est associé à un échappement tumoral (Speeckaert et al., 2011).

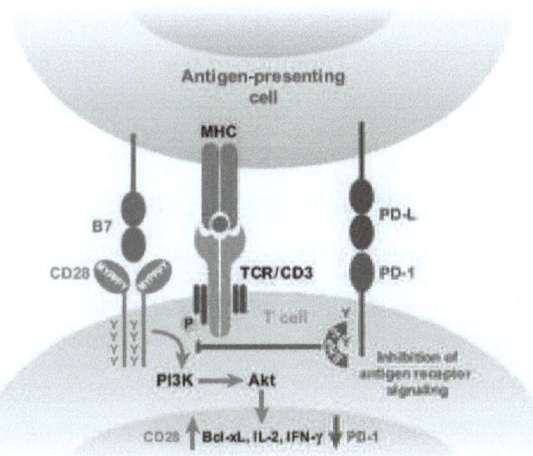

Figure 30 : L'inhibition de l'activation des LT par PD-1/PD-1L, via l'inhibition de la PI3K (Keir et al., 2008).

e) Le troisième signal d'activation

Un troisième signal d'activation est nécessaire pour la prolifération des LT (Dranoff, 2004). C'est une terminologie qui a été définie récemment et qui décrit les signaux qui permettent d'instruire les lymphocytes vers un type d'effecteurs : Th1, Th2 ou CTL (Reis e Sousa, 2006). Il est délivré par des cytokines sécrétées par les CPA. Ce troisième signal peut être de l'IL-12 qui promeut le développement des LT Th1 et CTL, ou encore le ligand Notch qui promeut les LT de type Th2.

VI. Immunoédition

Comme je viens de le décrire, il existe de nombreux effecteurs du SI qui détectent les cellules tumorales et qui sont armés pour les combattre. Mais en dépit de l'immunosurveillance, de nombreux cancers se développent et ils le font dans le cadre de l'immunoédition. L'immunoédition des tumeurs se définit par trois étapes : l'élimination, l'équilibre et l'échappement (Schreiber et al., 2011) (Figure 31). Trois modèles d'immunoédition ont été avancés : le premier modèle propose que les cellules tumorales ne possèdent pas les molécules de danger nécessaires à l'alerte du SI (Matzinger, 1994) ; le deuxième modèle préconise que le SI ne peut pas détecter les cellules tumorales car elles sont trop proches des cellules normales et s'apparentent donc aux cellules du « soi » (Pardoll, 2003) ; enfin dans le troisième modèle, c'est le SI lui-même qui, à la troisième étape c'est-à-dire l'échappement, va finir par favoriser la tumeur en promouvant la transformation et/ou la croissance tumorale (Balkwill and Mantovani, 2001).

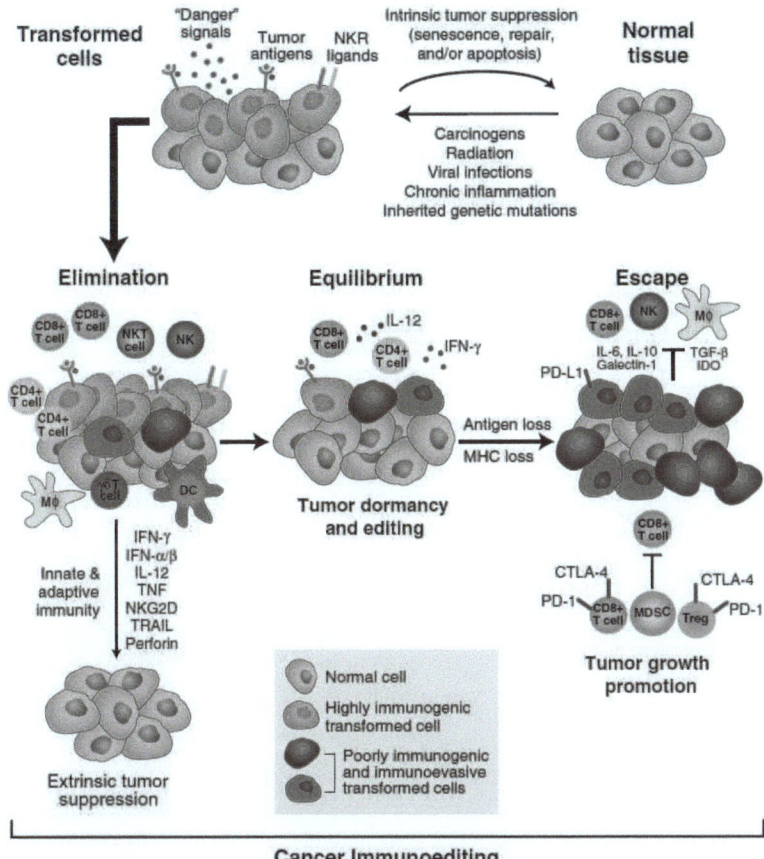

Figure 31 : L'immunoédition des cellules tumorales (Schreiber et al., 2011).

Depuis 2006 et sur un très grand nombre de patients, l'équipe du Pr. F. Pagès (Bindea et al., 2010; Galon et al., 2006; Galon et al., 2012) a étudié de façon approfondie et statistique l'infiltration des cancers par les TIL, notamment dans le cancer colorectal (plus de 415 patients). Ils ont montré qu'il existe une corrélation forte entre l'infiltration des tumeurs par des lymphocytes et le devenir des patients, en particulier la nature, la localisation et la fréquence des TIL, essentiellement les LT CD8+ mémoires (Figure 32). Ils mettent en évidence une réduction considérable de la survie des patients ayant pourtant des indices de Breslow faibles (I à III) lorsque leurs tumeurs présentent des concentrations réduites de TIL composés de LT (CD3+) et mémoires (CD45RO+). En effet, la survie moyenne des patients ayant ces indices de Breslow faibles et une densité élevée de ces TIL, est supérieure à 7 ans alors qu'elle chute à moins de 2 ans pour ceux qui présentent une densité faible de ces TIL. Leurs travaux montrent que la présence de LT CD8+ mémoires au centre des tumeurs et dans les zones marginales constituent de véritables marqueurs de bon pronostic. La balance entre les effecteurs anti-tumoraux et les cellules suppressives pèse sur le pronostic de survie des patients ainsi que sur l'efficacité des chimio- et immunothérapies confirmant l'importance de l'immunoédition.

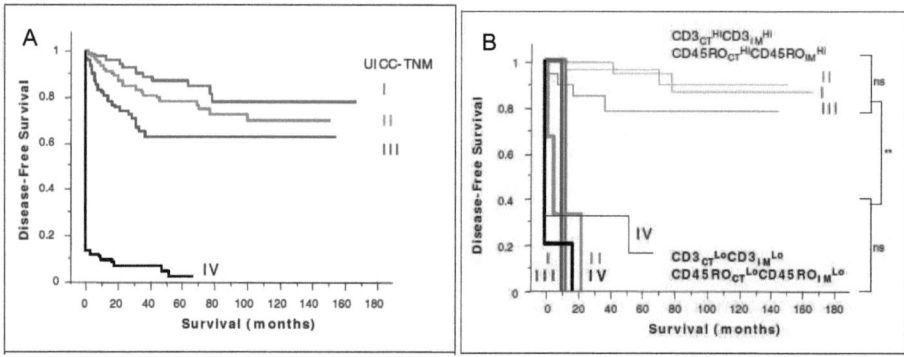

Figure 32 : Dans les cancers colorectaux, l'infiltration par les TIL permet de prédire la survie des patients.
(A) Survie des patients sans maladie en fonction de l'indice de Breslow. (B) Survie des patients sans maladie en fonction de l'infiltration des tumeurs par des lymphocytes T (CD3+) et mémoires (CD45RO+) (Concentration Hi : forte, Lo : faible ; Localisation CT : centre de la tumeur, IM : zone marginale, périphérique) (Galon et al., 2006).

Plusieurs équipes ont précédemment montré que l'infiltrat immun était important dans la régression des mélanomes (Clark et al., 1989; Clemente et al., 1996; Mackensen et al., 1993; Piras et al., 2005). De plus, une étude très récente de Erdag *et al.* (Erdag et al. 2012) a montré que le devenir clinique des patients atteints de mélanome métastatique dépend de la fréquence, de la localisation et de la nature des TIL. La survie moyenne des patients ayant un infiltrat important périphérique et intra-tumoral est environ 10 fois plus longue que celle des autres patients (Figure 33). Les LT CD8+, LB et macrophages sont essentiels dans ce microenvironnement immun.

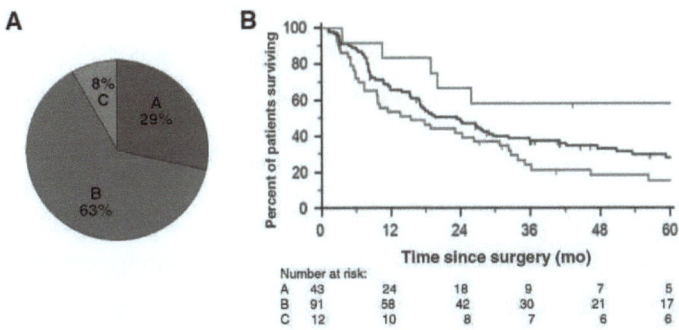

Figure 33 : Importance de l'infiltrat dans le microenvironnement tumoral des mélanomes (Erdag et al. 2012).
(A) : Proportion des patients selon leur phénotype immun. A = pas de cellules immunes infiltrées. B = infiltrat de cellules immunes dans les régions proximales et jusqu'aux vaisseaux sanguins intratumoraux. C = infiltrat de cellules immunes diffus dans la tumeur. (B) : Survie des patients en fonction de leur phénotype immun.

1. L'élimination

Lors de la phase d'élimination, les SI inné et adaptatif détectent les tumeurs puis commencent à les éliminer. Les signaux de danger nécessaires et reconnus par le SI peuvent être des cytokines, tels que l'IFN-γ (Street et al., 2002), des récepteurs et ligands de morts, tels que Fas/FasL (Davidson et al., 1998; Sarrabayrouse et al., 2007), ou des ligands de stress, tels que MICA et RAE-1 (Oppenheim et al., 2005). Si l'élimination des cellules tumorales est complète, l'immunoédition s'arrête à cette première étape.

2. L'équilibre

Lors de la deuxième phase, celle de l'équilibre, les cellules tumorales qui ont échappé à l'élimination sont en dormance. Elles sont contrôlées par le SI qui empêchent leur développement sans les éliminer (Koebel et al., 2007). Ce sont ces cellules qui entraînent la réémergence des tumeurs primaires ou de métastases à distance, des mois, parfois des années, après la première détection du cancer (Aguirre-Ghiso, 2007).

3. L'échappement

Lors de la troisième et dernière phase d'échappement, les cellules tumorales peuvent se développer car le SI est moins performant ou parce qu'elles ont subi une édition par le SI. Le SI peut devenir moins performant suite à une immunosuppression ou une détérioration, comme dans les cas de transplantations ou de sida. L'édition des cellules tumorales peut modifier les caractéristiques intrinsèques de ces cellules et ainsi diminuer la reconnaissance par le SI ou augmenter leur résistance à la mort (Vesely et al., 2011) (Figure 34). Cette troisième phase de l'immunoédition permet donc la sélection des cellules tumorales les moins immunogènes et les moins sensibles à la destruction par les effecteurs immuns (Khong and Restifo, 2002).

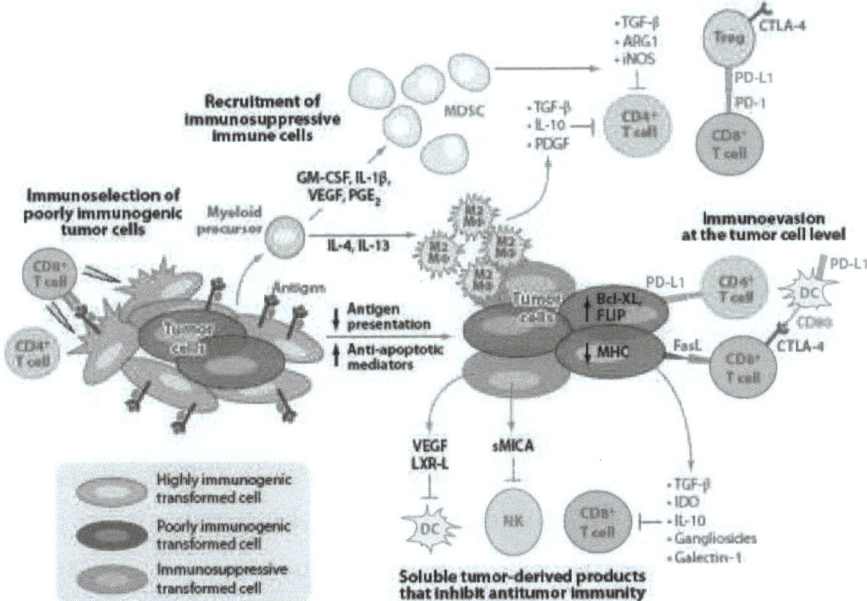

Figure 34 : L'édition des cellules tumorales peut entrainer une diminution de leur reconnaissance par le SI et de l'efficacité des effecteurs immuns ainsi qu'une augmentation de leur résistance à la mort (Vesely et al., 2011).

a) La reconnaissance par le SI

○ **Les caractéristiques intrinsèques de la tumeur**

Pour diminuer la reconnaissance des cellules tumorales par les effecteurs du SI, certaines tumeurs vont déréguler l'expression membranaire d'antigènes de rejet, tels que les ligands de NKG2D (Nausch and Cerwenka, 2008).

D'autres tumeurs contournent la costimulation induite par l'interaction de CD28 avec ses ligands activateurs CD80/CD86 en dérégulant l'expression des molécules CD80/CD86 à leur membrane. Ainsi, en conservant une expression du CMH-I et en dérégulant celle de CD80/CD86, elles entraînent l'anergie des LT CD8+ spécifiques présents dans le micro-environnement tumoral. Ceci a été confirmé en inversant la situation par réintroduction de molécules de costimulation CD80 et CD86. Ainsi l'équipe de Pr. M Colombo et du Dr. G. Parmiani a montré qu'en introduisant des molécules CD80 et de l'IL-2 dans des cellules de mélanome, ils induisent l'activation des LT CD8+ et la sécrétion d'IFNγ lors d'expériences *in vitro* (Mazzocchi et al., 2001). En effet, les cellules de mélanome transduites par CD80 et IL-2 induisent une production 5 à 6 fois importante d'IFNγ par des CTL spécifiques de la tumeur lorsqu'on les compare aux cellules non transduites. Ces CTL peuvent être induits *in vitro* à partir de ganglions métastatiques des patients.

Mais une des causes les plus fréquentes de la perte d'antigénicité des tumeurs est la dérégulation de l'expression du CMH-I, soit par perte des protéines qui le composent, soit par perte des protéines nécessaires à la présentation antigénique comme la β2-microglobuline ou les protéines TAP1/TAP2 (Khong et al., 2004; Tilkin-Mariame et al., 2005). Cette absence d'antigénicité favorise le développement tumoral.

- *Le micro-environnement tumoral suppresseur*

Les tumeurs ont développé d'autres moyens d'échappement au SI. Pour cela, elles créent autour d'elles un micro-environnement suppresseur. Les cellules immunes effectrices qui se trouvent dans ce micro-environnement sont inhibées localement mais elles restent tout à fait fonctionnelles si on les en retire et on les teste *in vitro* (Radoja et al., 2000). Pour réaliser cela, les cellules tumorales vont d'une part produire des cytokines immunosuppressives, et d'autre part recruter des cellules immunes suppressives.

Ces cytokines immunosuppressives produites par les cellules tumorales sont de plusieurs types : **V**ascular **E**ndothelial **G**rowth **F**actor (VEGF), TGF-β (Wrzesinski et al., 2007) ou encore Indoleamine 2,3-**DiO**xygenase (IDO) (Uyttenhove et al., 2003).

Les cellules suppressives recrutées dans le micro-environnement tumoral par les chimiokines attractantes des tumeurs sont des Treg et des MDSC. Ces cellules vont à leur tour produire des cytokines immunosuppressives (IL-10 et TGF-β), exprimer des molécules de corépression (CTLA-4, PD-1L) et consommer l'IL-2 nécessaires à l'activation des CTL (Vesely et al., 2011).

b) La résistance à la mort

Des mutations acquises par les cellules tumorales peuvent modifier leur sensibilité à la mort. En effet, des molécules des voies anti-apoptotiques peuvent être surexprimées, ce qui permet la survie des cellules malgré l'intervention des effecteurs du SI. Bcl-2 est par exemple surexprimé dans des mélanomes et promeut leur survie (Jansen et al., 1998).

Il peut également y avoir des mutations dans les récepteurs de mort, tels que Fas et le récepteur de **TNF-R**elated **A**poptosis-Inducing **L**igand (TRAIL). Dans ces cas-là, les signaux de mort induits par la liaison entre les ligands et leurs récepteurs de mort ne sont plus transmis au sein de la cellule tumorale (Ivanov et al., 2003; Villa-Morales and Fernandez-Piqueras, 2012). Cette résistance à la mort par apoptose est également retrouvée dans les mélanomes.

Le SI a donc de nombreux moyens de détection et de destruction des cellules tumorales. Mais celles-ci ont développé de très nombreux mécanismes pour lui échapper. Il serait intéressant de mettre en place de nouvelles immunothérapies permettant de moduler l'expression des molécules exprimées à la surface des cellules de mélanome pour permettre une meilleure reconnaissance par le SI. Il serait notamment très intéressant d'obtenir par un traitement pharmacologique une augmentation des molécules de costimulation activatrices CD80/CD86 et de diminuer en même temps la corépression par PD-1L à la surface des cellules de mélanome.

La dissémination métastatique

Les mélanomes se développent malgré leur statut immunogène. Les cellules qui persistent malgré la RI peuvent en effet se développer ou entrer en dormance. Le problème majeur de la thérapie du mélanome n'est pas la tumeur primaire qui est curable par exérèse chirurgicale mais les métastases disséminées au site primaire ou dans l'organisme. Comme je l'ai indiqué dans le chapitre **Mélanome**, les mélanomes métastatiques sont rarement curables et les traitements actuels permettent surtout de retarder les rechutes. Ces échecs thérapeutiques expliquent pourquoi l'objectif prioritaire est la compréhension des mécanismes de métastase dans le but de pouvoir les combattre plus efficacement.

I. Généralités

Différentes étapes sont nécessaires à l'apparition de métastases dans les organes situés à distance de la tumeur primitive (Geiger and Peeper, 2009) (Figure 34). Après avoir subi des modifications qui leur ont permis d'acquérir des capacités prolifératives et de former une tumeur localisée, les cellules tumorales vont subir de nouvelles modifications qui leur permettent de se détacher de la tumeur primaire, d'envahir le derme, d'atteindre les vaisseaux sanguins et lymphatiques et d'envahir un tissu sain avoisinant ou plus distant (Hunter et al., 2008; Sahai, 2007; Zaidi et al., 2008). Ces modifications cellulaires sont regroupées sous le terme de **T**ransition **E**pithélio-**M**ésenchymateuse (TEM). Les cellules tumorales induisent la néo-angiogénèse afin de permettre l'apport de nutriments et d'oxygène nécessaires à la croissance de la tumeur. Ensuite, les cellules tumorales peuvent traverser la paroi des vaisseaux sanguins ou lymphatiques situés dans la tumeur par un phénomène d'intravasation. Les cellules tumorales qui survivront aux contraintes physiques dues à la circulation sanguine mais également à l'absence d'adhérence sur une matrice extracellulaire pourront alors s'arrêter au niveau d'un organe et sortir de la circulation par extravasation. Une fois au sein du nouvel organe, les cellules tumorales restent en dormance un certain temps pouvant aller de quelques mois à plusieurs années (Schreiber et al., 2011). Ensuite, lorsqu'un signal extérieur induira la prolifération de ces cellules, elles formeront alors des macrométastases (Geiger and Peeper, 2009) (Figure 35).

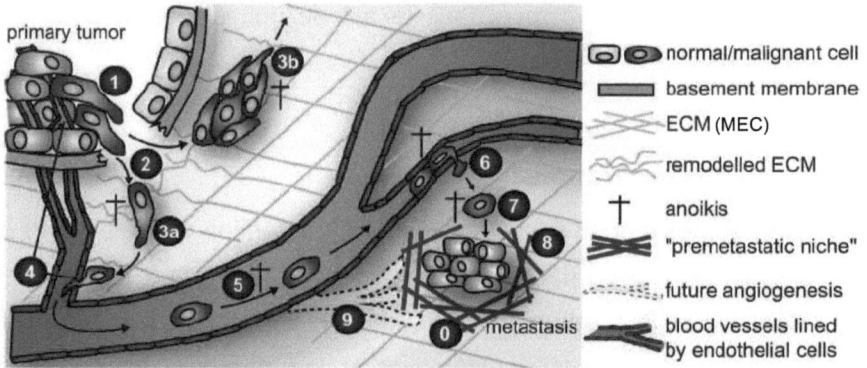

Figure 35 : Les différentes étapes de la dissémination métastatique (Geiger and Peeper, 2009).
1) Les cellules tumorales de la tumeur primaire acquièrent des propriétés invasives de la TEM. 2) La membrane basale est dégradée et la MEC est remodelée. 3) Les cellules tumorales migrent séparément (3a) ou collectivement (3b). 4) Elles intravadent dans les vaisseaux sanguins ou lymphatiques. 5) Elles circulent dans les vaisseaux jusqu'à leur extravasation (6) dans un tissu à distance. 7) Elles peuvent entrer en dormance. 8) Certaines cellules tumorales peuvent se multiplier pour former des métastases. 9) D'autres cellules tumorales subissent l'anoïkis parce qu'elles ne sont plus dans leur micro-environnement normal. 10) Les cellules tumorales forment tout d'abord des micrométastases à distance.

La première localisation privilégiée des métastases du mélanome est la peau où elles forment des métastases cutanées. Ensuite, les mélanomes métastasent en général dans les ganglions drainants puis dans les viscères. Lorsque le cancer est généralisé, on trouve même des métastases osseuses et cérébrales (Becker et al., 2010).

Le processus métastatique est un processus très peu efficace (Luzzi et al., 1998; Weiss, 1990). En effet, seulement 0,01% des cellules injectées expérimentalement dans la circulation sanguine sont capables de former des métastases (Mehlen and Puisieux, 2006). De nombreuses étapes sont critiques et les cellules doivent lutter contre l'apoptose induite par les cellules NK et l'anoïkis, c'est-à-dire l'apoptose induite par l'interruption de l'interaction entre les cellules et la **M**atrice **E**xtra-**C**ellulaire (MEC) et entre les cellules tumorales elles-mêmes. Il semblerait que le processus métastatique débute très tôt dans l'oncogenèse bien que les macrométastases ne se développent que plus tardivement (Mehlen and Puisieux, 2006).

De nombreux gènes sont impliqués dans ces différentes étapes de métastases. Un certain nombre sont pro-migratoires comme le TGF-β, ERK, les MMP et les GTPases Rho alors que d'autres inhibent les capacités migratoires des cellules et par conséquent l'apparition des métastases (Smith and Theodorescu, 2009; Steeg, 2003).

II. La transition épithélio-mésenchymateuse (TEM)

Les tissus épithéliaux sont très structurés et les cellules qui les composent sont polarisées et fortement reliées les unes aux autres afin d'assurer la solidité tout en permettant la déformation du tissu. Elles sont aussi fortement ancrées à la membrane basale, qui est une couche de MEC fine et de composition particulière, située sous le pôle basal des cellules. La MEC est un réseau supramoléculaire entourant les cellules épithéliales. Elle est constituée de collagène, d'élastine, de protéoglycanes (permettant la résistance aux forces de compression) et de protéines d'adhérence comme la laminine, la fibronectine ou la vitronectine. La composition de la MEC varie très fortement en fonction des organes. La membrane basale, située juste sous les tissus épithéliaux, est une couche de matrice de composition spécifique et particulièrement riche en laminine et en collagène de type I à IV.

Pour migrer, les cellules doivent acquérir différentes capacités qui leur permettront de se détacher de la tumeur primaire et donc de leurs voisines, mais également de traverser la membrane basale sous-jacente et de se déplacer dans la MEC (Geiger and Peeper, 2009; Kalluri and Weinberg, 2009; Thiery and Sleeman, 2006).

La **T**ransition **E**pithélio-**M**ésenchymateuse (TEM) regroupe quatre grands types de modifications : le remodelage du cytosquelette, une modification des interactions intercellulaires, des interactions avec la MEC sous-jacente et une dégradation de cette MEC par des protéases, les MMP (Thiery and Sleeman, 2006). Cette transition est caractérisée par l'acquisition de marqueurs cellulaires retrouvés dans les cellules mésenchymateuses tels que la N-Cadhérine, la Vimentine, la Ténascine C, mais également par la perte de marqueurs épithéliaux comme la E-Cadhérine, les Cytokératines et l'Occludine (Christofori, 2006; Jechlinger et al., 2003) (Figure 36). Au cours de la TEM, les contacts cellulaires se défont, ce qui entraine la disparition des jonctions serrées et des desmosomes. Les jonctions serrées sont les jonctions apicales entre les cellules du tissu épithélial, elles empêchent la circulation des fluides entre deux compartiments tissulaires. Les desmosomes se situent en position basale et facilitent la transmission du signal entre les cellules.

Ces deux types de contact relient les cytosquelettes des cellules (Brooke et al., 2012).

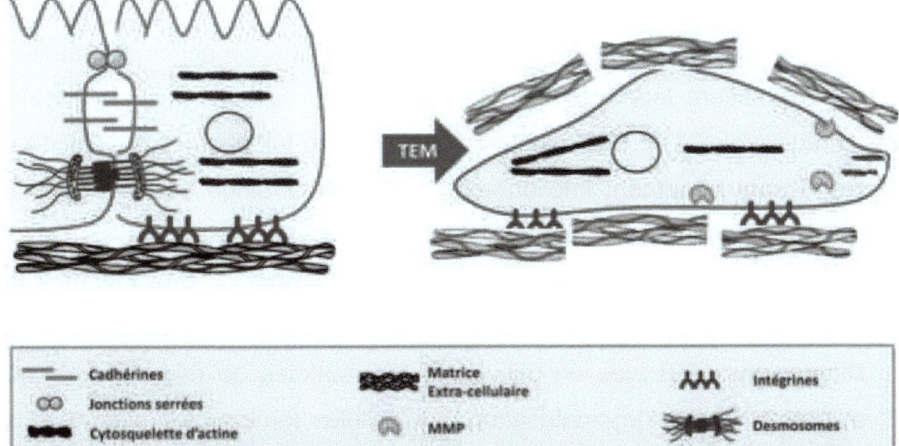

Figure 36 : Les différents éléments de la Transition Epithélio-Mésenchymateuse (TEM) (d'après (Schmitz et al., 2000)).

Cette TEM n'a pas lieu uniquement dans des conditions pathologiques. Ainsi lors de l'embryogenèse, elle est responsable de la gastrulation (Thiery et al., 2009). Elle intervient également dans la réparation des tissus lorsque ceux-ci sont endommagés (Kalluri and Weinberg, 2009). De nombreux gènes impliqués dans le développement tels que Snail, Slug, Twist ou Notch, sont réexprimés dans les cellules invasives et celles-ci subissent une TEM. Snail et Slug sont des répresseurs de la transcription connus pour réguler les changements d'expression des gènes pendant la TEM. Twist est un facteur de transcription normalement exprimé au cours de l'embryogénèse et il régule négativement l'expression de la E-Cadhérine via sa régulation par Snail. Lorsque la voie de signalisation Notch est activée, elle induit le clivage de Notch membranaire qui se transloque alors dans le noyau pour réguler l'expression de nombreux gènes (Thiery and Sleeman, 2006).

1. Le cytosquelette et les prolongements cellulaires impliqués dans la migration

Lorsque les cellules tumorales acquièrent des capacités migratoires, elles modifient leur morphologie afin de se déplacer dans la matrice extracellulaire. Les GTPases de la famille Rho telles que Rac, Cdc42 et RhoA sont largement impliquées dans le remodelage du cytosquelette d'actine (Heasman and Ridley, 2008; Ridley, 1999; Ridley, 2001).

Pour étudier les migrations des cellules tumorales, des modèles de migration ont été mis en place *in vitro*, d'abord des migrations en 2 Dimensions (2D) puis en 3D. Dans les modèles de migration en 2D, comme les tests de cicatrisation, les cellules tumorales émettent deux types distincts de prolongements cellulaires, les lamellipodes, qui sont de larges extensions membranaires régulées par la protéine Rac, et les filopodes qui sont de fins et longs prolongements et dont la formation est induite par Cdc42 (Hall, 1998; Raftopoulou and Hall, 2004; Ridley, 2006). La cellule en migration émet ces prolongements afin d'avancer. Lors de la formation des lamellipodes, Rac, en régulant N-WASP et WAVE, deux de ses effecteurs, contrôle l'activité du complexe Arp2/3 qui permet le branchement de nouveaux filaments d'actine permettant ainsi la formation d'un réseau d'actine dense sous la membrane plasmique au front de migration (Le Clainche and Carlier, 2008) (Figure 37). Par une polymérisation vers le front de migration et une dépolymérisation à l'arrière de la cellule, les lamellipodes progressent tels un « tapis roulant ». Pour ce faire, les filaments d'actine ont un turn-over rapide (Le Clainche and Carlier, 2008). Les filopodes sont des structures plus fines servant à la détection des chimioattractants ou des nutriments présents dans le milieu. Leur formation met en jeu différentes protéines comme la fascine, VASP ou mDia qui permettent la polymérisation de l'actine mais sans embranchement contrairement aux lamellipodes (Svitkina et al., 2010). Les GTPases RhoA sont impliquées dans la formation des fibres de stress (Allal et al., 2002; Hall, 1998) et les forces de contraction induisant ainsi la rétractation de la cellule (Yamazaki et al., 2005). Ces GTPases RhoA sont également impliquées dans la mise en place des adhésions focales qui sont le point d'ancrage des câbles d'actine qui permettent de tirer la cellule vers l'avant (Raftopoulou and Hall, 2004). Les GTPases RhoA induisent la polymérisation des filaments d'actine via la régulation de l'effecteur mDia (Wallar and Alberts, 2003) et de la profiline (Narumiya et al., 2009) mais également via les **R**ho **K**inases (ROCK). ROCKI et ROCKII sont des effecteurs des GTPases RhoA, B, C et E, qui activent les protéines **LIM K**inases (LIMK), inhibant ainsi la dépolymérisation des filaments et permettant le maintien des fibres de stress (Titus et al., 2005). Les effecteurs ROCKI et ROCKII favorisent aussi la mise en place des forces de contraction via l'activation par phosphorylation de la **M**yosine **L**ight **C**hain (MLC) conduisant à la contraction de l'actomyosine (Raftopoulou and Hall, 2004; Titus et al., 2005). De plus, il est intéressant de noter que les protéines ROCK peuvent être inhibées par la GTPase RhoE (Rnd3) qui est notamment régulée par la voie de signalisation des MAPKKK et en particulier BRAF (Klein et al., 2008).

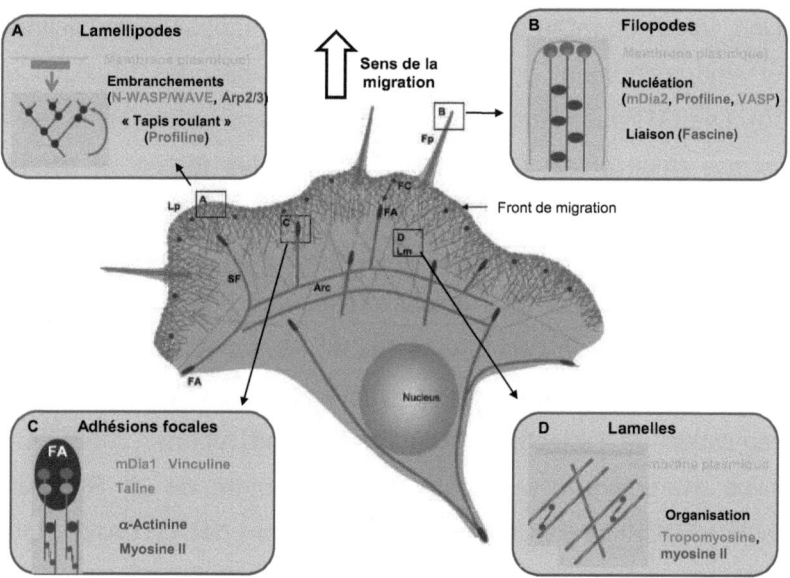

Figure 37 : Illustration schématique de l'organisation du cytosquelette d'actine lors de la migration cellulaire (Le Clainche and Carlier, 2008).

Pour avancer, les cellules, et en particulier les cellules tumorales, doivent remanier leur cytosquelette d'actine afin d'émettre des prolongements leur permettant de s'ancrer via la mise en place d'adhésions focales mais aussi de mettre en place des forces de contraction afin de rétracter l'arrière de la cellule et donc de défaire les adhésions focales qui s'y trouvent. Toutes ces étapes se répètent lors de la progression des cellules.

Dans des modèles d'étude de migration en 3D, les cellules sont placées dans des matrices de matrigel ou de collagène I. Pour se déplacer, les cellules ne projettent plus des lamellipodes ou des filopodes mais des structures capables de dégrader la MEC appelées invadopodes (Ridley, 2011). Ces invadopodes sont des structures similaires aux podosomes. Ceux-ci sont des prolongements cellulaires induisant la dégradation de la MEC qui ont été mis en évidence dans les macrophages, mais également retrouvés dans les cellules tumorales, et qui ont une dynamique de migration plus rapide (Artym et al., 2010). Ce sont des structures protrusives riches en actine qui permettent à la cellule de concentrer la sécrétion de MMP, plus particulièrement MT1-MMP, MMP2 et MMP9 (Poincloux et al., 2009; Weaver, 2006), en un point précis afin de dégrader la MEC. Dans ces structures se localisent également des molécules impliquées dans la signalisation cellulaire comme des tyrosines kinases, des GTPases Rho mais aussi les molécules d'adhérence, les intégrines (Buccione et al., 2009). *In vivo*, les invadopodes sont importants dans les phénomènes d'intravasation et d'extravasation (Blouw et al., 2008; Gligorijevic et al., 2012).

Les mouvements du cytosquelette sont nécessaires pour permettre l'émission des prolongements nécessaires à la migration et à l'invasion des cellules. Les GTPases Rac d'une part, et les GTPases RhoA d'autre part, permettent de réguler finement ces prolongements.

2. Les interactions cellule/cellule et cellule/MEC

Pour pouvoir migrer, les cellules tumorales ont besoin de se détacher des cellules environnantes et de se déplacer dans la MEC.

Les cellules épithéliales sont fortement reliées les unes aux autres afin de maintenir l'intégrité et la déformabilité des tissus. Les cadhérines sont les protéines les plus impliquées dans la formation des jonctions adhérentes et dans les processus de migration et d'invasion. Ces cadhérines sont des protéines transmembranaires qui nécessitent la liaison au calcium pour être actives. Il existe quatre types de cadhérines différentes : la P-Cadhérine retrouvée dans le placenta, la VE-Cadhérine dans les cellules endothéliales, la E-Cadhérine dans les cellules épithéliales et la N-Cadhérine dans le tissu nerveux et les cellules mésenchymateuses. Il existe également des cadhérines constituant les desmosomes telles que les desmogléines, qui sont au nombre de quatre, et les desmocollines, au nombre de trois (Dusek et al., 2007). Lors de la TEM, l'expression de la E-Cadhérine est diminuée au profit de la N-Cadhérine (Cavallaro and Christofori, 2004), notamment dans les cancers bronchiques (Kato et al., 2005), pancréatiques (Nakajima et al., 2004), de la sphère ORL (Pyo et al., 2007), ou du mélanome (Hao et al., 2012). Cette modification est associée à un mauvais pronostic (Hirohashi, 1998) et à une progression tumorale (Agiostratidou et al., 2007).

Les principaux récepteurs cellulaires aux constituants de la MEC sont les intégrines. Les intégrines interagissent via leur domaine intracellulaire avec de nombreuses protéines comme la Taline, la Vinculine, la Paxilline et l'α-Actinine qui permettent de faire le lien avec le cytosquelette d'actine. Elles se regroupent pour former des zones d'ancrage à la MEC appelées points focaux d'adhérence (Mitra et al., 2005; Sastry and Burridge, 2000) (Figure 38).

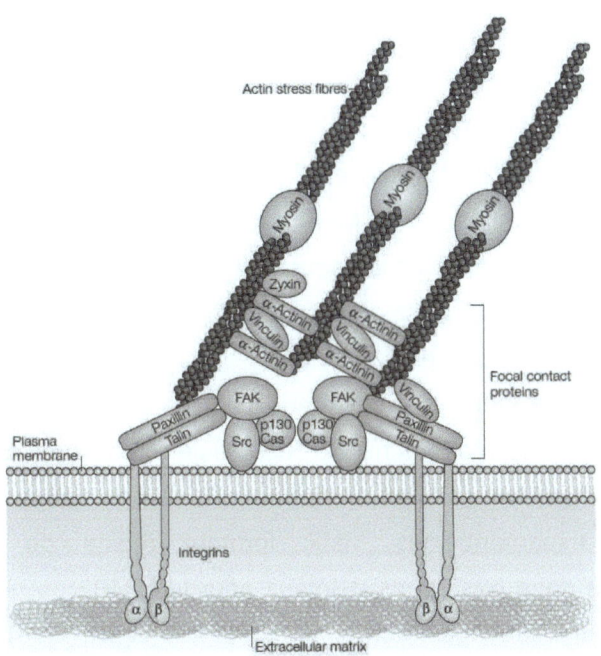

Figure 38 : Les intégrines, les points focaux d'adhérence et les fibres de stress d'actine (Mitra et al., 2005).

3. La dégradation de la MEC par les MMP

Les cellules tumorales doivent dégrader la MEC afin de traverser la lame basale et envahir le tissu avoisinant. Ce processus est réalisé grâce aux MMP, qui sont des endopeptidases zinc-dépendantes, capables de dégrader les composants de la MEC. Ces MMP sont nombreuses et leurs rôles divers. Chez l'homme, les MMP sont au nombre de 24, elles sont sécrétées sous forme de pro-MMP inactives et sont activées par clivage du domaine pro dans le milieu extracellulaire par d'autres MMP ou protéases appartenant à des familles différentes. Les MMP sont sécrétées dans le milieu extracellulaire sauf pour quatre d'entres elles qui sont membranaires, MT-MMP 1 à 4 (Bjorklund and Koivunen, 2005; Egeblad and Werb, 2002). Plusieurs MMP sont surexprimées dans un grand nombre de cancers épithéliaux et leur expression est associée à la progression tumorale et est corrélée à un mauvais pronostic (Cheng et al., 2010; Koskensalo et al., 2010; Koskensalo et al., 2011; Qian et al., 2010; Sounni and Noel, 2005). Il existe quelques mutations de MMP dans les cancers. Ainsi, la MMP23 subit une translocation dans les neuroblastomes, la MMP24 est amplifiée (Egeblad and Werb, 2002) et la MMP8 est mutée dans 23% des mélanomes (Lopez-Otin et al., 2009).

Les MMP peuvent être sécrétées par les cellules tumorales mais également, et majoritairement, par les cellules stromales. En effet, des études *in vivo* ont mis en évidence que l'implantation de cellules tumorales exprimant des MMP forment moins de métastases pulmonaires dans des souris délétées pour la MMP2 ou la MMP9 que dans les souris sauvages (Itoh et al., 1999; Itoh et al., 1998). A l'inverse, certaines MMP semblent avoir un rôle anti-transformant comme la MMP8 ou la MMP12 (Hua et al., 2011; Martin and Matrisian, 2007). L'expression de la MMP8 dans des modèles de cancers mammaires est corrélée à l'absence de métastases (Montel et al., 2004). D'autres MMP ont des rôles qui varient au cours de la progression tumorale comme la MMP26 (Lopez-Otin et al., 2009).

III. La migration dans une matrice tridimensionnelle

Dans l'organisme, les cellules tumorales sont enveloppées dans la MEC. Lors de la migration dans une matrice 3D, les cellules adaptent leur type de migration et leur morphologie en fonction de l'environnement dans lequel elles se trouvent. De nouvelles technologies de culture en 3D et surtout de microscopie intra-vitale ont permis de mettre en évidence la migration cellulaire dans une structure tridimensionnelle

(Pinner and Sahai, 2008). Ces travaux ont montré qu'il existe deux grands types de migration : la migration collective ou celle en cellules isolées. Lorsque les cellules migrent de manière isolée, elles peuvent adopter des morphologies différentes : soit amoeboïde, soit mésenchymale (Biname et al., 2010; Sahai, 2005; Yilmaz et al., 2007). Mais les cellules ne sont pas figées dans un type de migration et elles changent en fonction des contraintes rencontrées.

Les GTPases Rho sont particulièrement impliquées dans les différents types de migration, surtout la GTPase RhoA qui est impliquée dans les trois formes de migration (Vega and Ridley, 2008) (Figure 39).

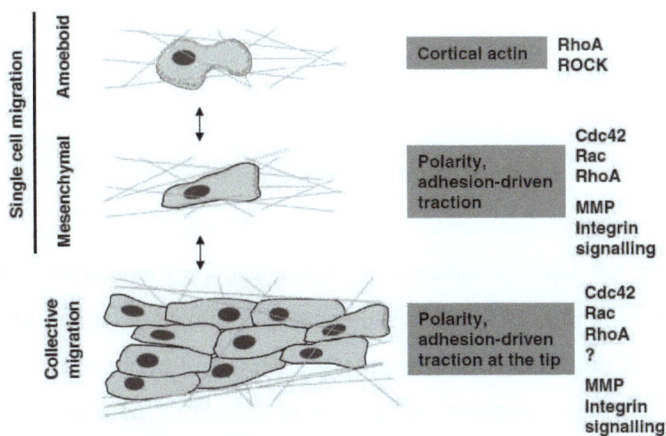

Figure 39 : Les trois types de migrations et quelques protéines associées (Vega and Ridley, 2008).

1. La migration collective

Lors de la migration collective, les cellules maintiennent les interactions entre elles et donc l'expression de la E-Cadhérine, des protéines des jonctions serrées et des desmosomes (Rorth, 2007). Les cellules migrent collectivement *in vitro* lors de test de cicatrisation en 2D mais également dans des cultures en 3D (Friedl, 2004). Certaines cellules tumorales différenciées migrent de manière collective, en particulier dans les rhabdomyosarcomes et les carcinomes mammaires ou colorectaux (Ilina and Friedl, 2009). Pour ce type de migration, les cellules doivent coopérer et migrer de façon coordonnée. La dégradation de la MEC est nécessaire à la migration collective, elle implique la sécrétion de la MMP2 et l'expression de la MT-MMP1 (Nabeshima et al., 2000). Lors de la migration collective, les étapes de la migration sont les mêmes que lors de la migration en cellules isolées avec une émission de prolongements au front de migration, mise en place des adhésions focales à l'avant et leur détachement à l'arrière qui nécessite des forces de contraction pour faire avancer les cellules (Friedl, 2004; Ilina and Friedl, 2009).

2. La migration mésenchymale

La migration mésenchymale est caractérisée, par l'acquisition d'un phénotype de type fibroblastique avec des prolongements cellulaires. Dans une matrice 3D, les cellules sont polarisées avec un front de migration et une zone à l'arrière de la cellule qui contient le noyau et les organelles. Elles subissent la TEM avec le changement des cadhérines, la synthèse des MMP, l'expression d'intégrines permettant la mise en place de points focaux d'adhérence et formation de protrusions. Les cellules mésenchymales ont de nombreuses interactions avec la MEC (Biname et al., 2010; Sahai, 2005). La migration mésenchymale est la plus étudiée car lors de la migration dans des modèles *in vitro* 2D, les cellules acquièrent ce phénotype fibroblastique. Elles émettent des prolongements tels que des lamellipodes, des filopodes et des invadopodes. De plus, la formation des points d'ancrage avec des clusters d'intégrines est nécessaire à cette migration (Yilmaz et al., 2007).

Les GTPases RhoA et Rac jouent des rôles inverses et sont largement impliquées dans les régulations permettant d'induire des migrations soit de type mésenchymale, soit de type amoeboïde. Ainsi, la migration mésenchymale est dépendante de la GTPase Rac. En effet, Rac est activée, dans les cellules de mélanomes, par sa **G**uanosine **E**xchange **F**actor (GEF) DOCK3 (présentée plus loin dans ce chapitre), ce qui permet l'activation de WAVE2 et l'induction d'un phénotype mésenchymal. Ainsi, WAVE2 inhibe la voie RhoA/ROCK et de ce fait la migration amoeboïde (Sanz-Moreno et al., 2008; Sanz-Moreno and Marshall, 2009). De plus, l'inhibition de Rac induit le blocage de la migration des cellules U87 (glioblastome) ayant un phénotype purement mésenchymal alors qu'elle induit une **T**ransition **M**ésenchymale-**A**moeboïde (TMA) dans des cellules de fibrosarcome ayant un phénotype mixte (Yamazaki et al., 2009). A l'inverse, dans des cellules de carcinomes rénaux, la protéine Smurf1 régule la dégradation de RhoA au front de migration, son inhibition est donc corrélée à une augmentation de RhoA cellulaire et à une transition vers un phénotype amoeboïde et une augmentation du potentiel invasif et plus agressif des tumeurs (Sahai, 2007).

3. La migration amoeboïde

Les leucocytes et certaines cellules tumorales peuvent utiliser ce type de migration (Friedl, 2004). Les cellules amoeboïdes sont caractérisées par une morphologie ronde sans prolongement (Lammermann and Sixt, 2009). Un réseau d'actine sous-corticale se forme sous contrôle de la **M**yosin **L**ight-**C**hain **K**inase (MLCK) (Totsukawa et al., 2004) et le remodelage du cytosquelette induit des bourgeonnements dus à la contraction de l'actomyosine (Sanz-Moreno et al., 2011). Les cellules amoeboïdes n'ont pas de fibres de stress (Sahai, 2007). Les bourgeonnements, au front de migration, créent une force qui permet aux cellules d'avancer. Dans les monocytes qui se déplacent par migration amoeboïde, l'orientation de la migration induite par des chimioattractants est dépendante de la voie PI3K (Volpe et al., 2010). Lors de cette migration, contrairement à la migration mésenchymale, les cellules ont très peu d'interactions avec la MEC, car elles se déforment et se déplacent entre les fibres de la MEC. Elles établissent donc peu de jonctions adhérentes ou de façon très transitoire (Friedl et al., 1998) et elles sécrètent peu de MMP (Meierjohann et al., 2010; Wyckoff et al., 2006). Par contre, ces cellules se déplacent rapidement au sein d'une matrice tridimensionnelle, à une vitesse d'environ 2 à 20 µm.mn^{-1} (Pankova et al., 2010).

La voie RhoA/ROCK induit un phénotype amoeboïde et inhibe la formation des protrusions mésenchymales (Sahai, 2005). En effet, l'inhibition des ROCK induit une augmentation de l'adhérence et de la formation de prolongements et donc une transition vers un phénotype mésenchymal (Worthylake and Burridge, 2003). Cette inhibition des ROCK induit dans certains cas une inhibition de la migration et de l'apparition de métastases (Micuda et al., 2010). Le gène suppresseur de tumeur p53 régule négativement la migration cellulaire (Roger et al., 2006). Sa perte d'expression est corrélée à l'activation de la voie RhoA/ROCK et donc à l'acquisition d'un phénotype plus amoeboïde (Gadea et al., 2007). Le rôle de RhoA/ROCK dans la migration amoeboïde est dépendant de l'activation de la protéine LIMK1 (Mishima et al., 2010). Par contre, une autre étude montre aussi l'implication de la voie ROCK/LIMK2 dans la régulation de la migration mésenchymale (Shea et al., 2008). La protéine p210$^{bcr-abl}$ induit une migration de type amoeboïde via l'activation de la GTPase RhoA dans des cellules lymphoïdes (Daubon et al., 2008). RhoC régule également la migration amoeboïde de cellules tumorales via l'effecteur **ForMiN**-**L**ike **2** (FMNL2) (Kitzing et al., 2010). Cdc42 est aussi nécessaire au phénotype amoeboïde. L'inhibition de la protéine DOCK10, protéine activatrice de Cdc42, induit un arrondissement des cellules et une diminution de la phosphorylation de la protéine MLC2. De plus, Cdc42 induit ce phénotype amoeboïde par la régulation de ses effecteurs N-WASP et Pak2 (Gadea et al., 2008; Sanz-Moreno and Marshall, 2009). Cependant, Cdc42 est également impliquée dans la régulation de la migration mésenchymale mais via d'autres effecteurs (Wilkinson et al., 2005). La voie Rac induisant un phénotype mésenchymal, elle est inhibée par la voie RhoA/ROCK qui active ARH-GAP22, une protéine inhibitrice de Rac (Sanz-Moreno et al., 2008). Les cellules pour acquérir une migration de type amoeboïde ne font pas de TEM mais font une TMA (Friedl, 2004).

En résumé, les cellules peuvent migrer essentiellement de trois façons : soit collectivement, soit de façon isolée amoeboïde ou mésenchymale. Le type de migration amoeboïde ou mésenchymale est régulé finement par plusieurs GTPases Rho. D'un côté, Rac régule la migration mésenchymale, de l'autre côté RhoA/ROCK régule la migration amoeboïde. La GTPase Cdc42 est impliquée dans les deux types de migration. La migration amoeboïde du fait qu'elle ne nécessite pas le temps de dégradation de la MEC, est considérée comme plus agressive que la migration mésenchymale.

IV. Deux voies de signalisation importantes dans la migration du mélanome

Parmi les nombreuses voies de signalisation impliquées dans la migration et la dissémination métastatique dans le mélanome, deux voies de signalisation sont particulièrement importantes. D'une part, la voie de signalisation impliquant les GTPases Rho et d'autre part, la voie de signalisation des MAPK BRAF/MEK/ERK. Les GTPases Rho sont des petites protéines qui régulent de très nombreux fonctions intracellulaires. Les GTPases RhoA et RhoC sont particulièrement impliquées dans les processus métastatiques et sont surexprimées dans les mélanomes. D'autre part, la MAPKKK BRAF, qui est mutée dans plus de 60% des mélanomes, entraine une activation constitutive de la voie de signalisation BRAF/MEK/ERK. Cette voie est particulièrement impliquée dans les processus métastatiques, notamment par son interaction avec la GTPase RhoE (Rnd3).

1. Les GTPases Rho

a) *Généralités*

Les GTPases Rho appartiennent à la superfamille des GTPases Ras. Cette superfamille est constituée de cinq sous-familles, impliquées dans différents processus cellulaires : schématiquement, les protéines Ras contrôlent la prolifération et de la différenciation cellulaire, les protéines Rab contrôlent le trafic vésiculaire, Arf est impliqué dans la formation et le trafic des vésicules, Ran dans le transport nucléaire et les protéines Rho qui sont de connecteurs moléculaires essentiels pour de nombreuses fonctions cellulaires (Primeau and Lamarche-Vane, 2008).

Les GTPases de la famille Rho sont des protéines G monomériques de faibles masses moléculaires de 20 à 40 KDa. Cette famille de protéines est constituée de 20 membres et elle est divisée en huit sous-familles : Rnd (Rnd1, Rnd2 et Rnd3/RhoE), Rho (RhoA, B et C), RhoF/RhoD, Rac (Rac1, 2 et 3 et RhoG), Cdc42/RhoJ/RhoQ, RhoU/RhoV, RhoH, RhoBTB (1 et 2). Les protéines RhoBTB3 et MIRO1 et 2 qui étaient initialement incluses n'appartiennent plus à cette famille des GTPases Rho (Figure 40) (Vega and Ridley, 2008).

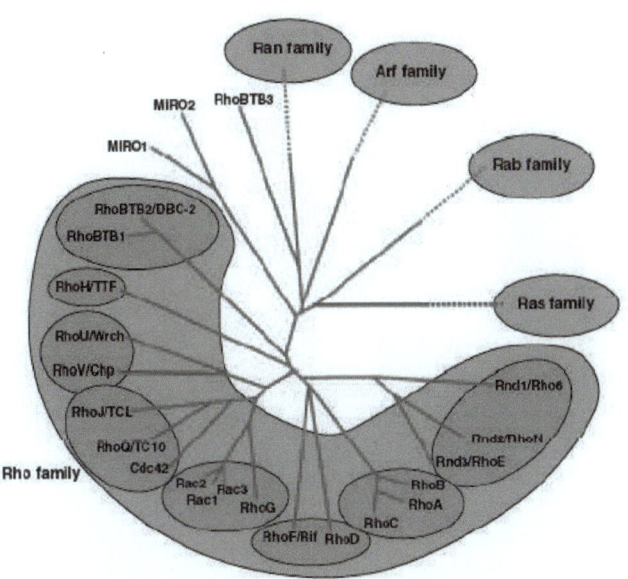

Figure 40 : L'arbre phylogénétique des GTPases de la superfamille Ras (d'après (Vega and Ridley, 2008)).

Les GTPases Rho sont très conservées au cours de l'évolution. Elles présentent environ 30% d'homologie avec les protéines Ras et de 40% à 95% d'identité entre elles (Wennerberg and Der, 2004). Elles sont constituées essentiellement d'un domaine GTPase (à l'exception des protéines RhoBTB) et de courtes extensions N et C terminales. Dans la partie N-terminale, les domaines switch 1 et 2 se trouvent dans le domaine effecteur et permettent la liaison aux différents régulateurs ou aux effecteurs lorsqu'elles sont en conformation active, et les domaines de liaison au GDP/GTP (Dvorsky and Ahmadian, 2004; Lartey and Lopez Bernal, 2009) (Figure 41). La région C-terminale est dite hypervariable car cette région de 25 acides aminés concentre la majorité des différences entre les GTPases Rho. Cette région se termine par une boîte CAAX, où C est une cystéine, A un acide aminé aliphatique et X un acide aminé quelconque, qui permet certaines modifications post-traductionnelles nécessaires à la localisation adéquate dans la cellule et par conséquent à l'activité des GTPases Rho (Figure 41).

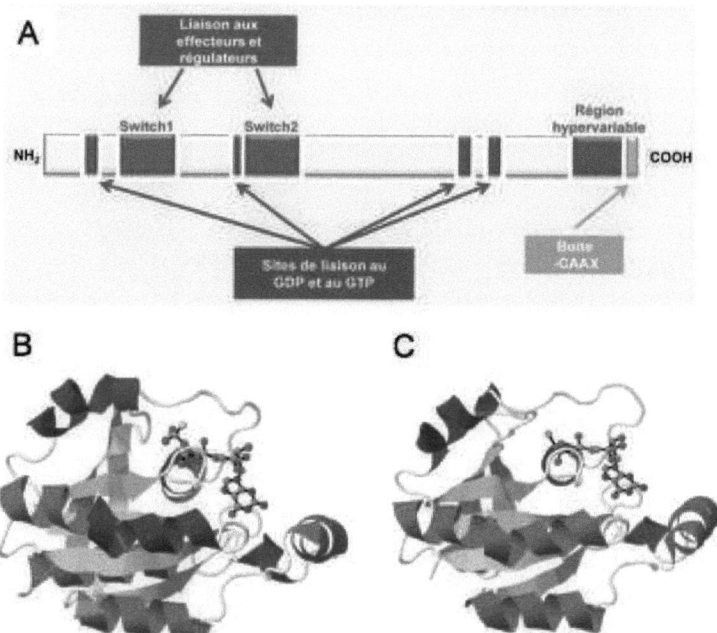

Figure 41 : Structure et domaines des protéines Rho.

(A) Domaines des protéines Rho et leurs fonctions. Structure 3D du domaine catalytique de RhoA complexée avec un analogue de GTP et un ion Mg2+ (B) (Protein Data Bank (PDB) d'après (Ihara et al., 1998)) et de RhoA complexé avec un GDP et un ion Mg2+ (C) (PDB d'après (Wei et al., 1997)). Les flèches vertes montrent le switch 1 et les flèches rouges montrent le switch 2.

Les modifications post-traductionnelles nécessaires à l'activité des GTPases Rho incluent la prénylation irréversible sur la cystéine consistant en l'ajout d'un groupement lipidique insaturé à 15 atomes de carbones, le farnésyl-**P**yro**P**hosphate (farnésyl-PP), ou à 20 atomes de carbones, le géranylgéranyl-**P**yro**P**hosphate (géranylgéranyl-PP). Ces groupements isoprénylés sont liés à la protéine par une liaison thioester grâce à la **F**arnésyl**T**ransfér**ase** (FTase) ou la **G**éranyl**G**éranyl**T**ransfér**ase** (GGTase) de type I. Le groupement isoprénylé ajouté dépendra de l'acide aminé X présent dans la boîte CAAX. En effet, si ce dernier est une sérine ou une méthionine, un farnésyl-PP sera alors greffé (RhoE, RhoN, RhoD…) alors que ce sera un géranylgéranyl-PP s'il s'agit d'une leucine (RhoA, RhoC, Rac1, Cdc42…) (Moores et al., 1991; Reiss et al., 1991). La GTPase RhoB est un cas particulier car elle peut fixer soit un farnésyl-PP, soit un géranylgéranyl-PP. Les GTPases Rho subissent ensuite une protéolyse des acides aminés –AAX par la protéase RCE1 puis une carboxyméthylation sur la fonction COOH de la cystéine par l'enzyme ICMT (Adamson et al., 1992; Demierre et al., 2005; Walker and Olson, 2005) (Figure 42).

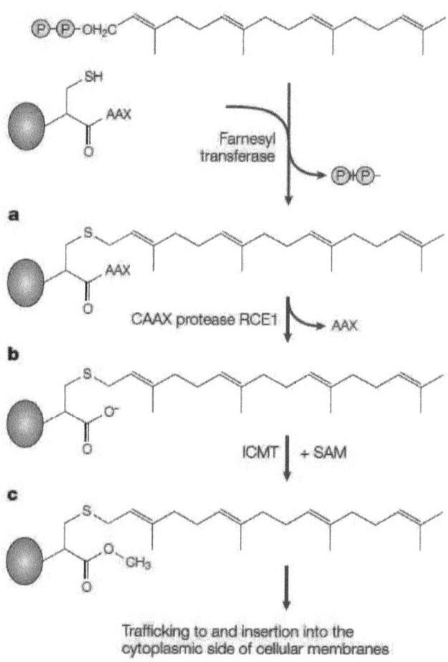

Figure 42 : Prénylation des GTases Rho (Demierre et al., 2005).

Il existe également d'autres modifications post-traductionnelles des GTPases Rho telles que la palmitoylation, sur les cystéines situées en amont de la boite CAAX (Hancock et al., 1990; Visvikis et al., 2010), la phosphorylation (Ellerbroek et al., 2003; Kwon et al., 2000) ou l'ubiquitination (Visvikis et al., 2010; Wang et al., 2006). Toutes ces modifications sont nécessaires à la localisation des GTPases Rho ainsi qu'à leur activité (Adamson et al., 1992). Le tableau suivant (Tableau 3) récapitule les différentes localisations et modifications post-traductionnelles, les effecteurs, les fonctions majeures et les implications physiopathologiques des GTPases Rho décrits dans la littérature, ainsi que l'existence ou non de souris KO.

Tableau 3 : Récapitulatif des protéines Rho. Sous-famille Rho, Rac, Cdc42 et Rnd. MP : Membrane Plasmique, GG : Géranylgéranylation, F : Farnésylation (d'après (Vayssiere et al., 2000; Vega and Ridley, 2008)).

	GTP-ase Rho	Locali-sations	Modifica-tions	Effec-teurs majeurs	Fonctions cellulaires	Implications physio-pathologiques	Phénotype des souris KO
Rho	RhoA	MP/ Cytosol	GG Phospho-rylation Ubiquiti-nation	ROCKI/II Citron mDia1/2	Fibres de stress, adhésions focales, migration, adhésion, trafic vésiculaire, cytokinèse, phagocytose, stabilité des microtubules	Transformation, oncogenèse, métastases. Surexprimée tumeurs, Contraction muscles lisses. Inhibe la croissance neurale	Inconnu
	RhoB	MP Endosome	GG/F Palmitoy-lation Phospho-rylation Ubiquiti-nation	PRK mDia1/2	Fibres de stress, adhésions focales, transport vésiculaire migration	Sous-exprimé tumeurs, Inhibe l'invasion Favorise la réponse aux stress	Sensibilité accrue aux carcino-gènes
	RhoC	MP/ Cytosol	GG	ROCKI/II Citron FHOD1 mDia1	Fibres de stress, adhésions focales, migration	Transformation, Oncogenèse, Métastases Surexprimée tumeurs	Augmen-tation des métastases
Rac	Rac1	MP Cytosol	GG	PAK 1-3	Lamellipodes, adhésions focales, migration, stabilité des microtubules, trafic vésiculaires, phagocytose, activation NADPH oxydase	Transformation, Oncogenèse, Métastases, Survie cellulaire. Expression augmentée dans les tumeurs	Mort embryon-naire
	Rac2	MP Cytosol	GG	PAK 1-3	Lamellipodes, adhésions focales, migration, activation NADPH oxydase	Surexprimée dans les tumeurs	Défauts cellules hématopoï-étiques
	Rac3	MP Endo-membrane	GG	PAK 1-3	Lamellipodes, adhésions focales	Hyperactif ou surexprimé dans les cancers du sein, Croissance neurale	Problèmes système nerveux central
	RhoG	MP Endosome Mitochon-dries	GG	ELMO Kinectine	Lamellipodes, adhésions focales, migration, stabilité microtubules, repli membranaire, phagocytose, activation NADPH oxydase	Faible pouvoir transformant Croissance neurale	Problèmes immunologi-ques

Cdc42	Cdc42	MP Golgi	GG	WASP N-WASP PAK 1-6 mDia2	Filopodes, trafic vésiculaire, polarité cellulaire, migration, cytokinèse, phagocytose	Faible pouvoir transformant Surexprimée dans les cancers du sein	Létalité embryonnaire
	RhoQ	MP Péri-nucléaire endosome	F/GG Phospho-rylation	WASP PAK 1-3	filopodes	Transformation, Croissance, Différenciation adipocytaire	Inconnu
	RhoJ	MP Endosome	F/GG Phospho-rylation	WASP PAK 1-3	Lamellipodes Filopodes Fibres de stress	Différenciation adipocytaire	Inconnu
	RhoV	MP Endo-membrane	Phospho-rylation	WASP, N-WASP PAK 1-3	Filopodes	Transformation Surexprimée dans les tumeurs	Inconnu
	RhoU	MP Endo-membrane	Phospho-rylation	N-WASP PAK	Filopodes Fibres de stress	Transformation via Wnt, Progression du cycle cellulaire, Blocage signalisation du TNFα. Différenciation musculaire	Inconnu
Rnd	Rnd1	MP	F	Socius Grb7	Déstabilisation des fibres de stress, points focaux d'adhérence	Contractilité des muscles lisses, Orientation axones	Inconnu
	Rnd2	Endosome Cytosol	F	Rapos-tline Pragmi-ne	Pas d'effet connu sur le cytosquelette d'actine	Régule la croissance neuronale	Inconnu
	RhoE (Rnd3)	MP, Golgi, Cytosol	F Phospho-rylation	ROCKI P190GAP Socius	Déstabilisation des fibres de stress, points focaux d'adhérence, Migration	Inhibe la progression du cycle cellulaire, Transformation, Contraction des muscles lisses	Inconnu

Les GTPases Rho sont des interrupteurs moléculaires cyclant entre un état inactif lié au GDP (**G**uanosine **D**i**P**hosphate) et un état actif lié au GTP (**G**uanosine **T**ri**P**hosphate) (Figure 43), à l'exception de certaines d'entre elles, telles que les protéines de la famille Rnd, RhoBTB, RhoU, V ou H qui ne possèdent pas d'activité GTPasique et restent donc sous leur forme active de manière permanente. La liaison au GTP entraine un changement conformationnel des protéines permettant ainsi leur liaison avec les effecteurs. Elles ont une forte affinité pour les nucléotides guanidiques et une faible activité intrinsèque d'hydrolyse du GTP et d'échange du GDP/GTP, elles nécessitent donc l'intervention de régulateurs (Bustelo et al., 2007; Walker and Olson, 2005) (Figure 43).

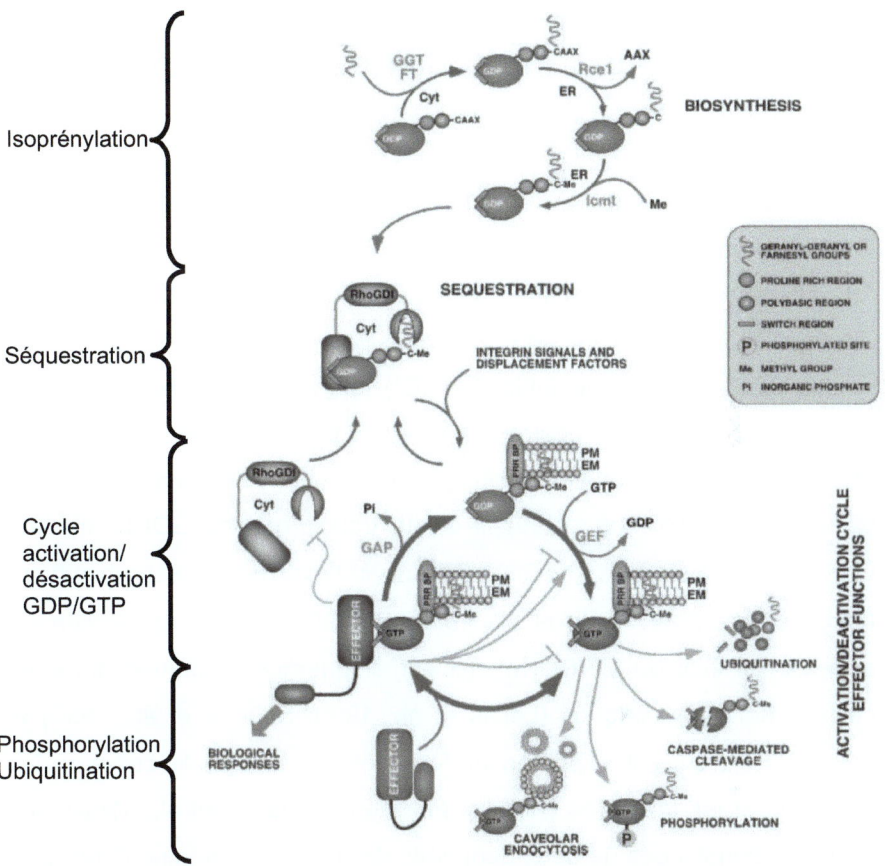

Figure 43 : Cycle général d'activation / inactivation des GTPases Rho (d'après (Bustelo et al., 2007)).

En effet, les protéines **G**uanine nucléotide **E**xchange **F**actor (GEF), dont la famille compte environ 80 membres, favorisent l'échange d'un GDP par un GTP activant ainsi les GTPases. Elles sont essentiellement représentées par la famille Dbl (Vav, Tiam, Trio...). Elles portent un domaine conservé **D**bl **H**omology (DH) qui permet leur activité, ainsi qu'un domaine **P**lekstrin **H**omology (PH) permettant la liaison aux lipides membranaires (Hart et al., 1994; Rossman et al., 2005). Il existe également des GEF de la famille DOCK (Brugnera et al., 2002) et de la famille SWAP (Shinohara et al., 2002) qui ne possèdent pas le domaine DH (Rossman et al., 2005).

Les **G**TPases **A**ctivating **P**roteins (GAP) catalysent l'hydrolyse du GTP et ramènent donc les Rho dans un état inactif. Il en existe environ 70 différentes (p190RhoGAP, DLC1...) (Kandpal, 2006; Moon and Zheng, 2003; Tcherkezian and Lamarche-Vane, 2007).

Les **G**DP **D**issociation **I**nhibitor (GDI) interagissent avec la GTPase Rho liée au GDP et séquestrent la protéine inactive dans le cytoplasme en emprisonnant le motif isoprénique, empêchant ainsi sa réactivation par les GEF (Olofsson, 1999). Il existe trois protéines GDI présentant une forte homologie. RhoGDI1 (α) dont l'expression est ubiquitaire (Ohga et al., 1989; Ueda et al., 1990) RhoGDI2 (β) qui est également appelée D4-GDI ou LY-GDI et qui est uniquement exprimée dans les cellules hématopoïetiques (Lelias et al., 1993; Scherle et al., 1993) et RhoGDI3 (γ) qui est exprimée préférentiellement dans le cerveau, les poumons et les testicules (Adra et al., 1997; Zalcman et al., 1996). Les GDI sont constituées de deux domaines distincts. Le domaine N-terminal interagissant avec le switch 1 des GTPases Rho est responsable de l'inhibition de la dissociation du GDP. Et le domaine C-terminal qui se lie au switch 2 et forme une poche hydrophobe où vient se glisser le lipide isoprénique séquestrant ainsi les protéines dans le cytoplasme.

b) Les GTPases Rho dans les réponses immunes

Les GTPases Rho participent à plusieurs niveaux de la régulation de la réponse immunitaire, dans la sélection thymique, la présentation antigénique, l'activation et la cytotoxicité lymphocytaire.

L'utilisation de souris KO pour la protéine Vav-1 (la GEF spécifique de Rac1) a permis de mettre en évidence le rôle de Rac1 dans la sélection thymique des LT. Comme le démontrent Turner et al. (Turner et al., 1997), ces souris présentent d'un point de vue histologique un thymus complètement déstructuré dans lequel aucune sélection thymique n'a pu être observée. La GTPase RhoA participe également à cette sélection. En effet, la perte d'expression de cette protéine inhibe la différenciation des cellules pré-T qui sont les précurseurs des LT (Cleverley et al., 1999).

En plus de ses fonctions dans la sélection thymique, Rac1 est un acteur important dans la transduction des signaux d'activation lymphocytaire dépendant du TCR et des molécules de costimulation (Cantrell et al., 1998; Moores et al., 2000; Turner and Billadeau, 2002).

Les GTPases Rho sont également impliquées dans la cytotoxicité lymphocytaire. Ainsi à nouveau, Rac1 et RhoA permettent la réorganisation et la redistribution des granules cytotoxiques des cellules NK et la régulation du cytosquelette d'actine par la voie de signalisation RhoA/ROCK/LIMK. Ces modifications permettent la polarisation des LT cytotoxiques vers leurs cibles (Lou et al., 2001). La cytotoxicité lymphocytaire dépendante de la voie FasL est elle aussi régulée par les

GTPases Rho. Blanco-Colio *et al.* (Blanco-Colio et al., 2007) démontrent en effet que l'augmentation de la transcription du gène codant la protéine FasL dans les LT transfectés par la forme active de la GTPase RhoA est associée à une augmentation de la fonction lytique de ces cellules.

L'utilisation par le groupe du Dr. S. Amigorena de cellules dendritiques provenant de souris KO pour Rac1 ou Rac2 a permis de mettre en évidence le rôle de ces deux GTPases dans la présentation antigénique et l'activation des LT naïfs (Benvenuti et al., 2004). Par ailleurs, des virus codant des mutants dominant-négatifs ou dominant-positifs des GTPases Rho (RhoA, Rac1, Cdc42) ont permis de montrer le rôle régulateur de ses protéines dans la mise en place d'une réponse immune adaptative dépendante des CD (Shurin et al., 2005).

Ainsi les GTPases Rho et plus particulièrement Rac et RhoA régulent les réponses lymphocytaires T.

c) *Les GTPases Rho dans l'oncogenèse*

Les GTPases Rho sont impliquées dans un grand nombre de fonctions cellulaires telles que la prolifération, la survie, le cycle cellulaire, la régulation du cytosquelette d'actine et des microtubules et la migration. Il est de ce fait évident que leur dérégulation participe au processus oncogénique (Ellenbroek and Collard, 2007; Ridley, 2004; Vega and Ridley, 2008). Plusieurs phénomènes contrôlés par les GTPases Rho participent à l'initiation et au développement tumoral. Ainsi, une prolifération incontrôlée associée à une augmentation de la survie conduit à l'initiation et à la croissance tumorale, alors que la perte de la liaison intercellulaire et le remodelage du cytosquelette augmentent la motilité pouvant conduire à un phénotype métastatique. Les GTPases

Rho, qui interviennent au niveau du contrôle de la prolifération cellulaire et du cytosquelette, sont donc impliquées dans toutes les étapes de l'oncogenèse (Ellenbroek and Collard, 2007). Bien qu'elles aient un pouvoir transformant intrinsèque peu puissant, elles sont nécessaires à la transformation par l'oncogène Ras. En effet, la transfection de formes mutantes dominant-négatives des GTPases Ras, Cdc42 et RhoB est capable d'inhiber la transformation de fibroblastes induite par Ras (Boerner et al., 2001; Prendergast et al., 1995; Qiu et al., 1997; Ridley, 2004).

Bien qu'impliquées dans les processus oncogéniques, les GTPases Rho sont très rarement mutées dans les cancers. En effet, à ce jour, seuls les gènes codants pour RhoH/TTF présentent une mutation activatrice dans des tumeurs myéloïdes (Preudhomme et al., 2000) et les gènes Rac1 qui présentent une mutation activatrice du domaine effecteur dans les tumeurs cérébrales (Hwang et al., 2004).

En revanche, l'expression ou l'activité des GTPases Rho apparaissent dérégulées dans de nombreux cancers (Tableau 4). La majorité des GTPases Rho semble avoir un rôle plutôt transformant alors qu'à l'inverse RhoB aurait des propriétés de suppresseur de tumeur avec une expression réprimée dans certaines tumeurs (Fritz et al., 1999; Mazieres et al., 2004; Gomez del Pulgar et al., 2005; Karlsson et al., 2009). Dans les mélanomes, plusieurs auteurs ont rapporté une surexpression de RhoA, RhoC et RhoE dans les métastases (Clark et al., 2000; Chardin, 2006; Sahai, 2007).

Ces dérégulations de leur expression ou de leur activité montrent l'importance des GTPases Rho dans la genèse d'un grand nombre de cancers. De plus, l'expression de mutants artificiels et constitutivement actifs de nombreuses Rho telles que RhoA, Cdc42, Rac1 ou RhoG (Qiu et al., 1995; Roux et al., 1997) est capable d'induire ou de potentialiser la transformation cellulaire. Des GTPases Rho sont impliquées dans différentes fonctions responsables de l'initiation ou de la progression tumorale et leur rôle varie en fonction du type de cancer étudié.

	Protéines	Cancers	Altérations	Références
Protéines Rho	RhoA	Testicule Foie Poumon Œsophage Ovaires **Mélanome**	Surexpression	(Kamai et al., 2001; Kamai et al., 2004) (Fukui et al., 2006; Li et al., 2006) (Fritz et al., 1999; Varker et al., 2003) (Faried et al., 2007) (Horiuchi et al., 2003) (Sarrabayrouse et al., 2007; Tilkin-Mariame et al., 2005)
	RhoB	Tête et cou Glioblastome Poumon Gastrique	Sous-expression	(Adnane et al., 2002) (Forget et al., 2002) (Mazieres et al., 2004) (Pan et al., 2004)
	RhoC	Poumon Sein inflammatoire Ovaires Pancréas **Mélanome**	Surexpression	(Ikoma et al., 2004; Shikada et al., 2003) (Fritz et al., 2002; van Golen et al., 1999) (Horiuchi et al., 2003) (Suwa et al., 1998) (Clark et al., 2000)
	RhoE (Rnd3)	Prostate Hépatocarcinomes	Sous-expression	(Bektic et al., 2005) (Grise et al., 2012)
		Poumon **Mélanome**	Surexpression	(Zhang et al., 2007a) (Klein and Higgins, 2011)
	RhoG	sein	Surexpression	(Jiang et al., 2003)
	Rac	Colorectal (Rac 1b) Sein (Rac 1b) Testicules (Rac1)	Surexpression	(Jordan et al., 1999) (Schnelzer et al., 2000) (Kamai et al., 2004)
		Tête et cou (Rac2) Sein (Rac 3)	Surexpression Sur-activation	(Abraham et al., 2001) (Mira et al., 2000)
	Cdc42	Testicule Sein	Surexpression	(Kamai et al., 2004) (Fritz et al., 1999)

GEF	LARG	Leucémies	Fusion avec MLL	(Kourlas et al., 2000)
	Tiam1	Rein	Mutation domaine PH	(Gampel et al., 1999)
	Vav1/Trio/Tiam1	Sein	Surexpression	(Lane et al., 2008)
	Vav1	Pancréas	Sous-expression	(Fernandez-Zapico et al., 2005)
GAP	P190RhoGAP	Gliomes	Délétion	(Tikoo et al., 2000)
	DLC1 et 2	Foie	Délétion	(Ching et al., 2003)
GDI	GDI1	Sein Colon	Sous-expression Surexpression	(Fritz et al., 2002; Jiang et al., 2003) (Zhao et al., 2008)
	GDI2	Sein Vessie	Surexpression Sous-expression	(Hu et al., 2007) (Seraj et al., 2000)

Tableau 4 : Altérations de l'expression des protéines Rho dans divers cancers.

De plus dans l'équipe, nous avons montré que dans les cellules de mélanome murin B16F10, la GTPase RhoA via ses effecteurs ROCK régule l'expression membranaire du ligand de mort FasL (Sarrabayrouse et al., 2007). Des lymphocytes Fas+, en contact avec ces cellules tumorales qui surexpriment FasL, entrent alors en apoptose.

d) *Les inhibiteurs des GTPases Rho dans le traitement contre le cancer*

Les GTPases Rho étant impliquées dans toutes les étapes de l'oncogenèse, le développement d'inhibiteurs ciblant cette famille de protéines, à des fins thérapeutiques, a très vite été exploré. Ainsi, des inhibiteurs de la prénylation, modification post-traductionnelle des GTPases Rho ont vu le jour dans les années 1990, sous formes de GGTI ou de FTI. Ces derniers ont fait l'objet d'essais cliniques avec des molécules FTI nommées Tipifarnib qui ont été évaluées en phase III pour le traitement du cancer du sein, et Lonafarnib testées en phase II pour le traitement des cancers du colon et pancréatiques (Head and Johnston, 2004; Head and Johnston, 2003). Mais leur efficacité varie en fonction des cancers. En effet, les résultats sont plutôt négatifs dans les carcinomes bronchiques, du pancréas ou du colon mais plutôt positifs dans les hémopathies, les cancers du sein (25% de bénéfices cliniques) ou les gliomes (Li and Sparano, 2008; Sebti and Adjei, 2004). Les traitements par des GGTI ont montré des résultats positifs *in vitro* et *in vivo* (Sebti and Hamilton, 2000) mais ils présentent une certaine toxicité et aucun essai clinique n'a été mené à ce jour (Lobell et al., 2001; Mazieres et al., 2004). Cependant un nouveau GGTI moins toxique, le P61A6, est apparu en 2009 (Lu et al., 2009) et sera probablement bientôt testé.

Les statines, inhibiteurs de l'HMG-CoA reductase, inhibent la prénylation, farnésylation et géranylgéranylation des GTPases de la superfamille Ras. Ils sont très largement prescrits pour leur fonction anti-cholestérolémiante mais ils ont aussi été testé dans le traitement de cancer (Demierre et al., 2005; Tilkin-Mariame et al., 2005). Ces études précliniques et cliniques de leur utilisation ont montré des résultats encourageants notamment dans les hépatocarcinomes (Wong et al., 2002) et les cancers de la prostate (Bonovas et al., 2008). Des inhibiteurs plus spécifiques des GTPases Rho ou de leurs effecteurs ont également été développés. Ainsi, le CCG-1423 inhibe la transcription de RhoA (Evelyn et al., 2007) le Fasudil et le Y27632 sont des inhibiteurs des effecteurs ROCK (Deng et al., 2010; Routhier et al., 2010; Yang et al., 2010) et le NSC23766 inhibe spécifiquement la GTPase Rac1 (Hable et al., 2008). Toutes ces molécules donnent des résultats prometteurs dans les études précliniques. Donc à ce jour, les inhibiteurs de la prénylation des GTPases de la superfamille Ras semblent intéressants pour le développement de nouveaux essais cliniques.

e) Les autres inhibiteurs des GTPases Rho

Pour étudier les GTPases Rho et leurs fonctions, plusieurs outils ont été développés, d'abord des inhibiteurs de prénylation, comme décrits dans le paragraphe précédent, mais aussi des formes constitutivement actives ou des dominant-négatifs de ces protéines ainsi que des inhibiteurs bactériens tels que la C3 exoenzyme (spécifique de RhoA, B et C) et l'ARN interférence.

- Comme les mutants des GTPases Rho n'existent pas naturellement, ils ont été créés sur les modèles naturels des GTPases Ras mutées. Il existe des mutants sous forme constitutivement active, tels que les mutants Q63L et G14V, et des mutants dominant-négatifs, comme T19N.

Les deux mutations activatrices portant chacune sur un acide aminé impliqué soit dans le domaine de la liaison au GTP (G14V, V14) ou dans celui du switch 2 (Q63L, L63), altèrent l'activité hydrolytique intrinsèque GTPasique de la protéine et sa sensibilité à la régulation par les GAP (Longenecker et al., 2003). Comme elles sont constitutivement activées, l'introduction de ces protéines dans les cellules induit une stimulation persistante des cascades de signalisation. Ces mutants activés permettent de préciser la localisation cellulaire des GTPases Rho activées avec des marquages fluorescents. Les mutants V14 de RhoA, B et C, ont été utilisés par exemple pour l'étude de leurs localisations par

Robertson *et al.* (Robertson et al., 1995) ou pour étudier l'effet de la prénylation sur la forme active (Allal et al., 2000).

Les dominant-négatifs des Rho sont utilisés essentiellement pour définir les voies de signalisation que régule l'activité des Rho. La substitution de l'asparagine en thréonine en position 19 de RhoA (T19N, N19) est connue pour induire des fonctions de dominant-négatifs grâce à l'association augmentée de RhoAN19 avec les GEF. La liaison de RhoAN19 sur une GEF inhibe l'interaction de cette GEF avec la protéine RhoA endogène. Cet événement perturbe les voies de transduction du signal empruntées normalement par la GEF mNET1 et en particulier les voies SAPK/JNK (Alberts and Treisman, 1998). Les mutants V14 et N19 ont été utilisés pour rechercher les protéines RhoGDI et RhoGEF associés préférentiellement sur un des types de mutant (Strassheim et al., 2000).

- Dans les années 1990, il a été découvert que les GTPases Rho sont les protéines eucaryotes cibles de nombreuses toxines bactériennes. Ces toxines bloquent les fonctions des Rho. Ainsi, la C3 exoenzyme, isolée à partir de *Clostridium botulinum*, inhibe spécifiquement les GTPases RhoA, B et C par ADP-ribosylation de l'asparagine en position 41 (Schmidt et al., 1998). Les effets bloquants l'activité des Rho seraient dus à la séquestration des protéines Rho dans les complexes Rho/RhoGDI.

Des toxines isolées de *Clostridium difficile* (Tox-A et Tox-B) bloquent les protéines Rho, Rac et Cdc42 par glycosylation de la thréonine en position 37 pour Rho et 35 pour Rac et Cdc42 (Schmidt et al., 1998). Cette glycosylation empêcherait les couplages des protéines Rho avec leurs effecteurs.

Il existe aussi des toxines bactériennes activatrices : les **C**ytotoxic **N**ecrotic **F**actors (CNF). Les CNF agissent en déamidant les GTPases Rho au niveau de la glutamine en position 63. Le CNFy, isolé de *Yersinia pseudotuberculosis*, est un activateur puissant et spécifique de RhoA sans activation concomitante sur Rac1 ou Cdc42 (Hoffmann and Schmidt, 2004).

Ces différentes toxines sont utilisées pour étudier les conséquences sur les voies de signalisation et sur les nombreuses fonctions cellulaires, de la perturbation de l'activation ou l'inhibition de ces GTPases Rho.

- Il est connu depuis quelques années que des petits ARN interférents (siRNA) peuvent être utilisés pour réguler l'expression de gènes cibles dans des cellules de mammifères en culture (Elbashir et al., 2001). Les siRNA peuvent éteindre l'expression d'un gène en procédant au clivage spécifique de l'ARNm cible en impliquant la protéine Dicer et le complexe RISC. Cette technologie permet d'éteindre l'expression de gènes dans de nombreuses lignées cellulaires aussi bien que de créer des animaux transgéniques dans lesquels l'expression d'un gène est éteinte de façon stable (Tuschl, 2001).

L'utilisation des siRNA, en entraînant la suppression de l'expression de la protéine ciblée, permet d'analyser l'action de cette protéine dans les voies de signalisation étudiées. Par exemple, il est possible de savoir si l'absence de la protéine provoque des modifications de réponses de la cellule à des stimuli exogènes. Ainsi, l'utilisation du siRNA de Vav-2, qui supprime l'expression de cette GEF, a permis de montrer son implication dans l'activation de RhoB induite par la stimulation de la voie du récepteur à l'EGF (Gampel and Mellor, 2002).

Cependant, l'utilisation des siRNA n'est pas toujours sans effet non désiré. Suivant leurs séquences, les siRNA risquent d'inhiber aussi l'expression d'autres protéines dont la séquence en ARN est très proche. La difficulté d'utilisation de ces outils est donc liée au contrôle de la spécificité d'action du siRNA. D'autre part même si le siRNA éteint l'expression exclusivement de la protéine étudiée, la cellule peut mettre en place, en réponse à cette inhibition, des voies adaptées de signalisation alternative impliquant d'autres protéines ayant des fonctions proches et permettant d'induire une réponse de la cellule aux stimuli exercés. Pour finir, une activation non voulue des récepteurs TLR peut être stimulée par des siRNA mal formulés par les agents lipotransfectants utilisés pour introduire les siRNA dans les cellules (Weber et al., 2012).

L'utilisation de ces inhibiteurs et activateurs des GTPases Rho de spécificité croissante a permis d'étudier leurs nombreuses fonctions régulatrices.

2. La voie de signalisation des MAPK BRAF/MEK/ERK
a) Généralités

Les voies de transduction du signal **M**itogen **A**ctivated **P**rotein **K**inase (MAPK) sont très étudiées dans les cancers car elles y jouent des rôles essentiels. Elles se composent de façon générale d'une cascade de phosphorylation de **MAP K**inase **K**inase **K**inase (MAPKKK), de **MAP Ki**nase **Ki**nase (MAPKK) et d'une MAPK qui va activer des facteurs de transcription (Figure 44). Ces voies sont hautement conservées dans l'évolution et impliquées dans de nombreux processus physiologiques comme la prolifération, la différenciation, la migration et l'apoptose.

La première cascade des MAPK identifiée chez les eucaryote et l'une des plus étudiée est la voie RAF/MEK/ERK. Dans cette cascade, les protéines RAF fonctionnent comme des MAPKKK. Elles phosphorylent et activent les MAPKK **M**APK/**E**RK **K**inases 1/2 (MEK1/2) qui à leur tour phosphorylent et activent les MAPK **E**xtracellular signal-**R**egulated **K**inases 1/2 (ERK1/2) (Peyssonnaux and Eychene, 2001). Une fois activées, les protéines ERK peuvent entre autre se transloquer dans le noyau, où elles phosphorylent des facteurs de transcription et régulent ainsi leurs activités.

En plus de la cascade RAF/MEK/ERK, trois autres voies des MAPK ont été décrites : c-**JUN** **N**-terminal **K**inases/**S**tress-**A**ctivated **P**rotein **K**inases (JNK/SAPK), p38 MAPK et ERK5/**B**ig **M**AP **k**inase 1 (BMK1) (Figure 44). Ces voies de signalisation se distinguent par la nature des signaux activateurs et par les mécanismes qu'elles régulent.

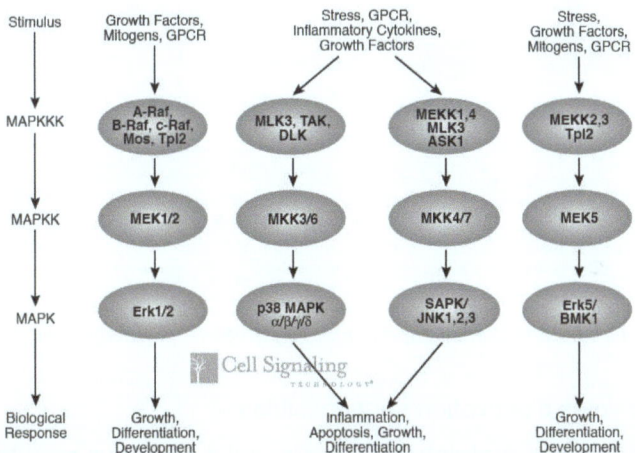

Figure 44 : Voies de signalisation induites par les MAPK (Ozyme, Cell Signaling Technology).

En amont des voies de signalisation de ces MAPK, des récepteurs sont activés par différents stimuli. Ainsi, des signaux de stress extracellulaires stimulent les **R**écepteurs **T**yrosine **K**inase (RTK), tels que l'**E**pidermal **G**rowth **F**actor **R**eceptor (EGFR), le **V**ascular **E**ndothelial **G**rowth **F**actor **R**eceptor (VEGFR), le **P**latelet-**D**erived **G**rowth **F**actor **R**eceptor (PDGF) ou encore l'**I**nsulin-like **G**rowth **F**actor **1 R**eceptor (IGF1R). Les RTK via leur domaine **S**rc **H**omology 2 (SH2) ou d'autres domaines liant les phosphostyrosines recrutent des protéines adaptatrices et des phosphotyrosines protéines (Easty et al., 2011) (Figure 45).

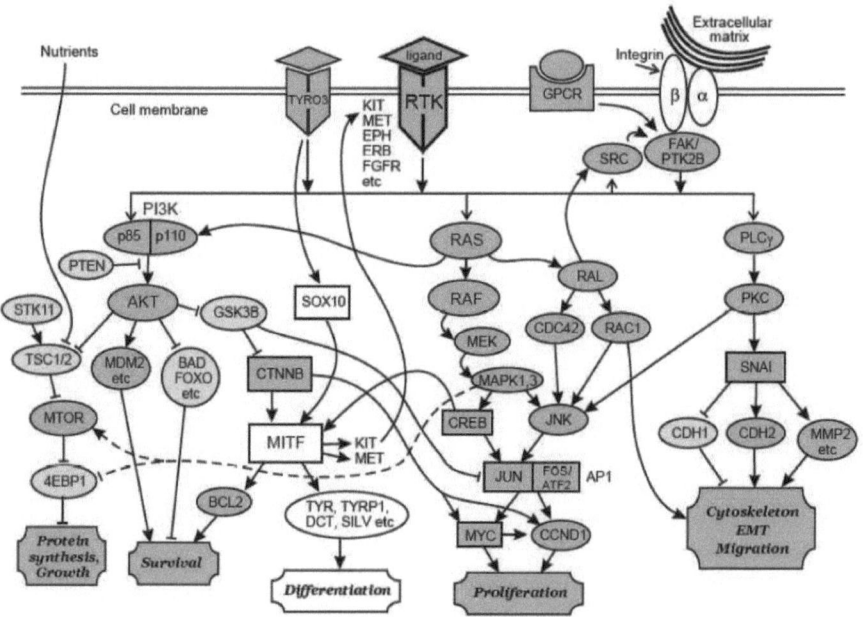

Figure 45 : Les quatre signalisations induites par les RTK (Easty et al., 2011).

Quatre voies d'activation sont possibles.

- Grb2 est une protéine adaptatrice qui à son tour recrute des GEF des GTPases de la famille Ras, tels que SOS (Ashton-Beaucage and

Therrien, 2010; Kolch, 2000) (Figure 46). Une fois que les Ras sont activées, elles activent à leur tour les protéines RAF, ce qui permet la cascade d'activation des MAPK. Cette signalisation conduit en général à la prolifération cellulaire et à la survie.

- Les RTK peuvent également recruter la sous-unité p85 de la PI3K qui peut à son tour activer AKT. Cette activation peut être limitée par la protéine tyrosine phosphatase **P**hosphatase and **TEN**sin homolog (PTEN). AKT active la voie mTOR qui conduit à la synthèse de protéines, à la croissance et à la survie cellulaire (Zhang et al., 2007b).

- La troisième voie activée par les RTK est due au recrutement de la **P**hospho**L**ipase **C** γ (PLCγ) qui induit la dégradation du **P**hosphatidyl**I**nositol 4,5-**bisP**hosphate (PIP2) en **I**nositol 1,4,5-**tris**Phosphate (IP3) et **DiA**cyl**G**lycérol (DAG). L'IP3 entre dans le réticulum endoplasmique et permet la libération du calcium. Le DAG active la **P**rotein **Ki**nase **C** (PKC). La signalisation de la PKC conduit à la modulation du cytosquelette pour entraîner la migration cellulaire (Bennett, 2008).

- La dernière voie est celle induite par le recrutement de Src. La protéine **F**ocal **A**dhesion **K**inase (FAK), liée aux intégrines, est activée par Scr et entraîne l'activation générale des trois voies que je viens de décrire (Brunton and Frame, 2008). FAK peut aussi activer les protéines STAT qui interviennent dans la transduction du signal et l'activation de la transcription (Xie et al., 2001).

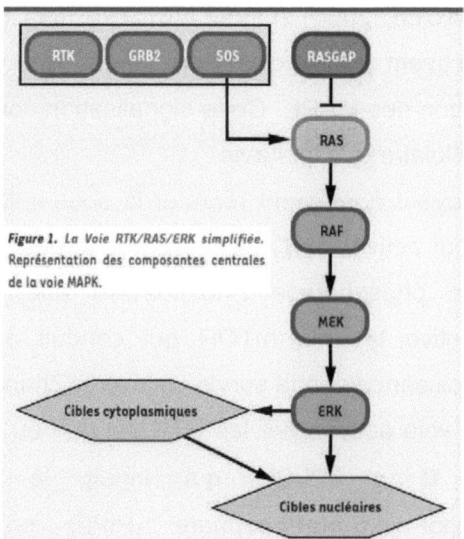

Figure 46 : La voie simplifiée RTK/Ras/RAF/MEK/ERK (Ashton-Beaucage and Therrien, 2010).

Nous allons nous intéresser plus spécifiquement à la voie Ras/RAF/MAPK (Ashton-Beaucage and Therrien, 2010) (Figure 46) car ces protéines sont fréquemment mutées dans les cancers et en particulier dans les mélanomes.

La superfamille des GTPases Ras est composée de plus 150 membres comme indiqué dans la partie **Généralités** du paragraphe **Les GTPases Rho.** Dans la sous-famille Ras, on retrouve les protéines Ras, Rheb, Ral, Rap, Rad, Rem, Rerg et Rit (Karnoub and Weinberg, 2008) (Figure 47). Dans cette introduction, je ne présente que les GTPases Ras car elles sont largement impliquées dans de nombreux cancers.

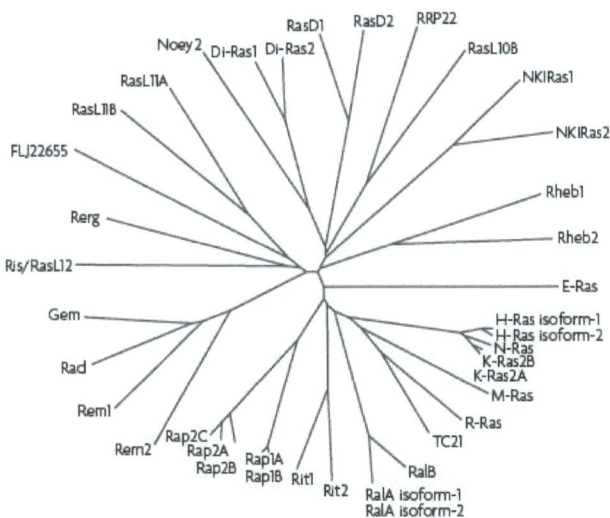

Figure 47 : L'arbre phylogénétique de la sous-famille Ras (Karnoub and Weinberg, 2008).

Les protéines **Ra**t **S**arcoma virus (Ras) sont des protéines clés de la transformation maligne dans les tumeurs humaines (Karnoub 2008). Elles peuvent être activées par des facteurs de croissance (via des RTK), des hormones (via des Récepteurs Couplés aux Protéines G) ou des cytokines (via leurs récepteurs et leurs protéines adaptatrices) (Gray-Schopfer et al., 2005). Ces GTPases doivent être farnésylées et ancrées aux membranes pour être actives. Elles peuvent aussi être palmytoylées (Bharate et al., 2012) et ubiquitinylées (de la Vega et al., 2011).

Les MAPKKK RAF sont activées par les GTPases Ras (Figure 46). Chez les mammifères, il existe trois protéines RAF : ARAF, BRAF et CRAF (RAF-1). Ce sont des sérine/thréonine kinases de 21 kDa qui régulent la prolifération, la différenciation et la survie ainsi que la migration cellulaire (Michaloglou et al., 2008). Elles se composent de trois régions conservées (**C**onserved **R**egion, CR). En partie N-terminale, les régions CR1 et CR2 ont des activités régulatrices des protéines. En partie C-terminale, la région CR3 contient le domaine kinase des protéines (Michaloglou et al., 2008) (Figure 48). CR1 contient les régions **R**as-**B**inding **D**omain (RBD) et **C**ystein-**R**ich **D**omain (CRD), nécessaires au recrutement des RAF à la membrane. La région CR2 permet la liaison à la protéine chaperonne 14-3-3 qui participe à la transduction du signal de nombreuses voies cellulaires car elle se lie à plus de 100 protéines différentes. Et pour finir, le domaine kinase CR3 présente les acides aminés qui doivent être phosphorylés pour que les RAF soient complètement actives. Ces acides aminés sont dans la zone du segment d'activation et dans la **N**egative **region** (N-region). Les acides aminés du segment d'activation qui doivent être phosphorylés diffèrent dans les trois RAF. Ce sont les thréonine en position 542 (T542) et T455 pour ARAF, pour BRAF les T599 et sérine 601 (S601) et pour CRAF les T491 et S494. De plus, dans la N-region, pour ARAF, la S298 doit être phosphorylée par la GTPase Ras et la tyrosine 301 (Y301) doit l'être par Scr. Pour CRAF, ce sont les S338 et Y341 qui sont respectivement phosphorylées. Enfin pour BRAF, la S338 est constitutivement phosphorylée, et seule la GTPase Ras est nécessaire pour phosphoryler les acides aspartiques en 447 et 448 (D447 et D448) (Gray-Schopfer et al., 2005; Marais et al., 1997) (Figure 48).

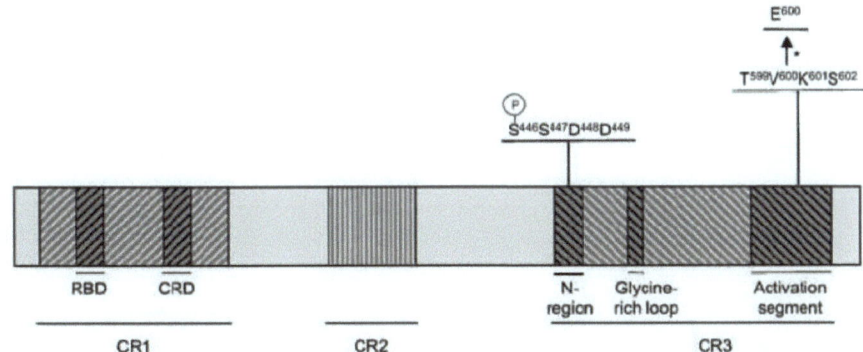

Figure 48 : Structure de la protéine BRAF et la mutation V600E (Michaloglou et al., 2008).

Les MAPKK MEK1 et MEK2 sont les kinases en aval des protéines RAF. Ces protéines de 43 kDa et 44 kDa sont activées par phosphorylation par RAF. MEK1/2 se composent d'une partie N-terminale contenant un segment inhibiteur, un signal d'export nucléaire, et d'un large domaine kinase avec un segment d'activation et un domaine riche en proline (proline-rich domain) (Roskoski, 2012) (Figure 49). Les RAF phosphorylent les S218 et S222, ce qui permet l'activation des MEK. Ces protéines MEK sont souvent ciblées par des inhibiteurs pharmacologiques dans les tumeurs car leur inhibition va bloquer la voie en aval, liée en autre à la prolifération cellulaire et cela quelque soit le statut muté de Ras et RAF.

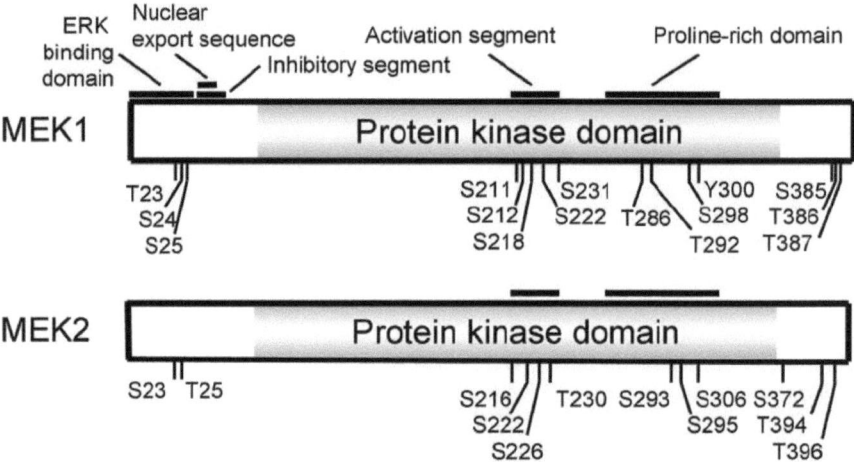

Figure 49 : Structure des protéines MEK (Roskoski, 2012).

Ces protéines MEK activent à leur tour par phosphorylation ERK1 (p44, 44 kDa) et ERK2 (p42, 42 kDa). La phosphorylation de ERK est souvent analysée quand on veut suivre l'activité de BRAF, mais cela reste une démonstration indirecte et imparfaite. En effet, la phosphorylation de MEK en est un meilleur indicateur (Michaloglou et al., 2008), d'autant plus que ERK peut être activé par d'autres MAPK que les MEK (BMP4 par exemple) (Zhou et al., 2007). Une fois activé, ERK peut réguler la forme des cellules et leur migration via des interactions avec des protéines cytosoliques et du cytosquelette (Sahai et al., 2001). D'autres kinases, telles que les MNK, peuvent être phosphorylées et activées par ERK dans des voies de signalisation croisées (Ueda et al., 2010). ERK peut aussi se transloquer au noyau pour activer les facteurs de transcription Ets1 et Elk1 qui interviennent essentiellement dans la prolifération (Haines et al., 2011; Yang and Sharrocks, 2006).

b) Les GTPases Ras

Les GTPases Ras activent une voie de signalisation impliquant les MAPK. Trois protéines oncogènes de la famille Ras sont particulièrement étudiées dans les cancers : H-Ras, K-Ras et N-Ras (Tableau 5).

Dans les cancers, les altérations géniques retrouvées majoritairement dans les GTPases Ras sont des mutations en position 12, 13 et 61. La mutation la plus fréquente sur le codon 12 est une substitution de la glycine en valine (G12V), celle sur le codon 13 est une glycine en alanine (G13A) et celle sur le codon 61 est une glutamine en leucine (Q61L). Ces mutations induisent une altération de l'activité GTPasique des protéines Ras qui restent sous forme constitutivement actives, ne sont plus régulées de façon normale par les GEF et les GAP (Trahey and McCormick, 1987) et induisent ainsi l'activation des voies RAF/MEK/ERK et PI3K/AKT favorisant la survie et la prolifération cellulaire (Carter et al., 2009). Dans les mélanomes, ces mutations ne sont pas très fréquentes contrairement aux cancers colorectaux et surtout pancréatiques. Les mutations affectant le gène N-Ras sont retrouvées dans moins de 30% des mélanomes, avec préférentiellement une mutation Q61L (Dahl and Guldberg, 2007), et des mutations sur les gènes K-Ras et H-Ras y sont rares.

Protéines	Cancers	Références
H-Ras	Col de l'utérus Glande salivaire Vessie Prostate Thymus	(Soh et al., 2002) (Yoo and Robinson, 2000) (Wang et al., 2012) (Shiraishi et al., 1998) (Corominas et al., 1991)
K-Ras	Vésicule biliaire Pancréas/Colon Utérus/Ovaires Poumon Prostate Système lymphoïde	(Tada et al., 2012) (Rosa et al., 2011) (Jin et al., 2003) (Marchetti et al., 2009) (Iwata et al., 2011) (Shiraishi et al., 1998) (Liang et al., 2006)
N-Ras	Cerveau Système lymphoïde Colon **Mélanome** Thyroïde	(Tsurushima et al., 1996) (Gustafsson et al., 2005; Liang et al., 2006) (Kim et al., 1997) (Ghosh and Chin, 2009; Nazarian et al., 2010) (Santarpia et al., 2010)

Tableau 5 : L'implication des mutations des oncogènes Ras dans les cancers.

c) *La voie des MAPK dans l'oncogenèse*

La MAPKKK BRAF présente des mutations somatiques dans différents types de tumeurs, majoritairement les mélanomes malins (Maldonado et al., 2003), les cancers colorectaux (Lubomierski et al., 2005), les carcinomes ovariens (Gemignani et al., 2003) et les tumeurs de la thyroïde (Kimura et al., 2003). La mutation la plus fréquente de BRAF, retrouvée dans les mélanomes, correspond à la mutation T1799A située dans l'exon 15 causant une substitution de la valine en position 600 par l'acide glutamique (V600E) (Davies et al., 2002; Michaloglou et al., 2008) (Figure 48). Cette mutation V600E mime la phosphorylation de la T599. Elle confère une activité transformante, car elle rend BRAF constitutivement active, environ 500 fois plus active que la forme non mutée (Wan et al., 2004). Les autres mutations conduisant à des substitutions d'acides aminés de BRAF sont localisées sur l'exon 11, elles aussi activent BRAF et favorisent la transformation tumorale. Des mutations dans ARAF et CRAF sont rares (Emuss et al., 2005; Lee et al., 2005). Dans le mélanome, aucune corrélation entre le statut des mutations de BRAF et l'indice de Breslow n'a été montré. Probablement parce que les mutations de BRAF apparaissent dans les stades précoces du mélanome. Elles sont même présentes dans environ 80% des naevi et perdurent tout au long des différents stades de la maladie (Pollock et al., 2003). Dans le mélanome, les mutations de BRAF et de N-Ras sont mutuellement exclusives, donc leur fréquence s'additionne pour atteindre 75% à 90% des mélanomes mutés sur la voie Ras/RAF/MEK/ERK. Quelques cas particuliers ont été décrits, comme l'existence des mutations de N-Ras Q61R et BRAF V600E dans un même mélanome, mais les cellules individuelles expriment soit N-Ras Q61R, soit BRAF V600E (Sensi et al., 2006). Des mutations de BRAF peuvent toutefois être concomitantes avec d'autres protéines mutées. En effet, on trouve fréquemment des mutations simultanées de BRAF et de PTEN (Xing et al., 2012). Ces mutations sont complémentaires et se potentialisent car BRAF V600E active la voie MEK/ERK et la perte de PTEN entraîne une augmentation de la voie AKT. En revanche, les mutations N-Ras et PTEN sont mutuellement exclusives peut-être parce que N-Ras permet à la fois l'activation des voies ERK et AKT et qu'alors l'inhibition par PTEN est insuffisante pour inactiver la voie AKT.

Dans les cellules normales, les protéines RAF forment des homodimères, cependant on trouve quelques fois des hétérodimères BRAF/CRAF. Dans des cellules Ras mutées G12V, BRAF wt se lie à CRAF wt et le transphosphoryle, ce qui permet l'activation de la voie MEK/ERK par CRAF. Une étude de Heidorn *et al.* (Heidorn et al., 2010) montre en effet que la forme BRAF V600E ne se lie pas à CRAF et induit directement l'activation de la voie MEK/ERK, alors que la mutation N-

Ras induit la liaison entre BRAF et CRAF et ainsi l'activation de MEK/ERK.

Par contre, toutes les mutations de BRAF ne sont pas activatrices. Ainsi, la mutation de BRAF D594 induit un phénotype kinase-dead, ce qui signifie que la protéine est complètement inactive. Cette forme kinase-dead ne le lie pas à CRAF et inactive la voie MEK/ERK. Trois autres mutations de BRAF (G466E, G466V et G596R) entraînent une diminution de l'activité kinase directement sur la protéine MEK. Ces protéines mutées sont toutefois capables de se lier à CRAF et de l'activer. Dans ces cas-là, la diminution de la phosphorylation de MEK induite par BRAF muté est compensée par l'activation induite par CRAF (Wan et al., 2004) (Figure 50).

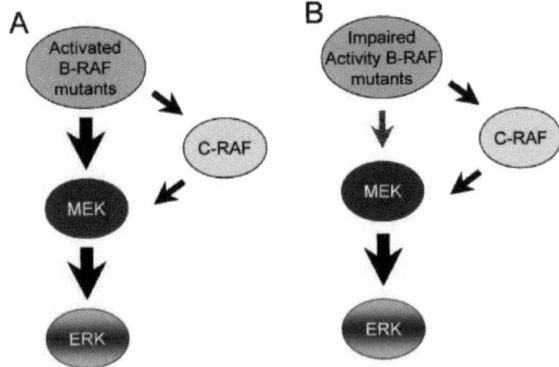

Figure 50 : Activation de la voie MEK/ERK par des mutations de BRAF activatrices (A) ou entrainant l'altération de son activité (B). CRAF participe à l'activation de MEK dans les deux cas. (A) Une activation constitutive de BRAF entraîne une forte activation directe de MEK. (B) Lorsque l'activité de BRAF est altérée, CRAF prend le relais et active MEK/ERK (Wan et al., 2004).

Généralement l'activation de la voie BRAF/MEK/ERK induit la prolifération et la survie des cellules. Il a été montré que cette voie est également impliquée dans la résistance à l'apoptose et dans la promotion de la migration.

Dans la chimiorésistance, Wilson *et al.* (Wilson et al., 1999) ont montré qu'une mutation activatrice de BRAF entraîne l'activation du facteur de transcription NF-κB qui va protéger les cellules contre l'apoptose induite par la voie Fas. La résistance à l'apoptose peut également passer par une inhibition du cytochrome C relargué par la mitochondrie (Erhardt et al., 1999).

La voie BRAF est de plus en plus décrite comme essentielle dans les phénomènes de migration et d'invasion. En effet, BRAF est connue pour réguler positivement l'expression des MMP1 et MMP2 et des intégrines qui favorisent l'invasion cellulaire (Rutter et al., 1998; Sumimoto et al., 2004). En 2004, Pritchard *et al.* (Pritchard et al., 2004) ont montré un lien étroit entre BRAF et la voie ROCK/LIMK/Cofilin. Une étude de Klein *et al.* (Klein et al., 2008) met en évidence, que dans des mélanocytes exprimant BRAF V600E, la surexpression de la GTPase RhoE régule la migration des cellules. Cette régulation de la migration par RhoE passe par la modulation de l'activité de la voie RhoA/ROCK (Chardin, 2006). En effet, il a été montré par Riento *et al.* (Riento et al., 2003) que RhoE se lie à ROCKI et inhibe son activité sur la formation des fibres de stress d'actine et les points focaux d'adhésion. Klein *et al.* (Klein et al., 2008) ont émis l'hypothèse que la protéine BRAF V600E *via* MEK/ERK active la GTPase RhoE qui va ainsi inhiber l'activité de la voie RhoA/ROCK/LIMK/Cofilin pour limiter la formation des fibres de stress d'actine et des points focaux d'adhésion (Figure 51). Cette régulation pourrait ainsi entrainer un phénotype migratoire des cellules.

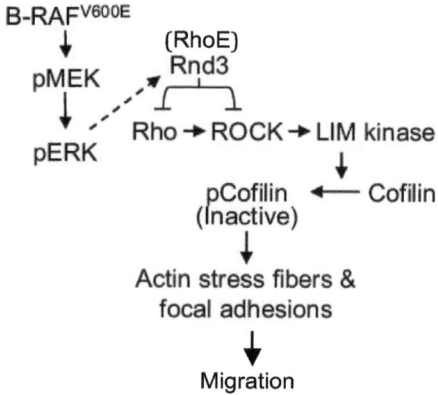

Figure 51 : La voie de signalisation proposée par Klein et al. impliquant BRAF et RhoE dans la migration cellulaire (d'après (Klein et al., 2008)).

d) Les voies des MAPK dans les réponses immunes

En plus de leurs rôles dans la prolifération, la survie et la migration cellulaire, les voies des MAPK sont particulièrement importantes pour l'activation et les fonctions effectrices de différentes cellules du système immunitaire.

- Dans les cellules NK, la stimulation par l'IL-18 va entraîner une sécrétion d'IFNγ via la signalisation de p38 MAPK (Mavropoulos et al., 2005). De plus, dans ces cellules, une stimulation du récepteur LFA-1 permet l'activation de la voie Src/Vav-1/ERK qui conduit à la dégranulation de la perforine et à la cytotoxicité (Perez et al., 2004).

- La différenciation, la survie et la prolifération des précurseurs des CD passent par l'activation de plusieurs voies de signalisation dont les voies RAF/MEK/ERK, PI3K/AKT, JAK/STAT et aussi la voie canonique de NF-κB (van de Laar et al., 2012).

- Dans les populations de LT CD4+, la voie MAPK ERK est nécessaire pour l'activation générale des LT CD4+ via une activation de la GTPase Ras après stimulation de leur TCR et costimulation par CD28 (Janardhan et al., 2011). Cette voie d'activation est plus particulièrement importante pour les Treg (Kalland et al., 2011).

- Enfin, le développement des LT CD8+ requiert l'activation des voies MEK/ERK, PI3K et mTOR (Salmond et al., 2009).

e) *Les inhibiteurs de BRAF et de MEK et leurs résistances*

Comme décrit dans la partie **Les inhibiteurs de la voie BRAF/MEK** du chapitre **Les Mélanomes**, des inhibiteurs de la protéine BRAF V600E sont en plein développement dans la thérapie des cancers et surtout des mélanomes. Des résultats encourageants ont été obtenus, mais des résistances à ces inhibiteurs ont été observées (Villanueva et al., 2011). Plusieurs mécanismes sont mis en jeu par les cellules tumorales pour résister à ces inhibiteurs. Ainsi par exemple : les associations entre BRAF et les autres RAF (ARAF ou CRAF) qui activent la voie MEK/ERK, et l'apparition des mutations de N-Ras qui activent ARAF ou CRAF puis MEK/ERK mais également la voie PI3K/AKT. De plus, d'autres MAPKK tels que COT/MAP3K8 peuvent aussi intervenir. En effet, dans les cellules résistantes aux inhibiteurs de BRAF V600E, la MAPKK COT est exprimée et elle active ERK (Johannessen et al., 2010) (Figure 52).

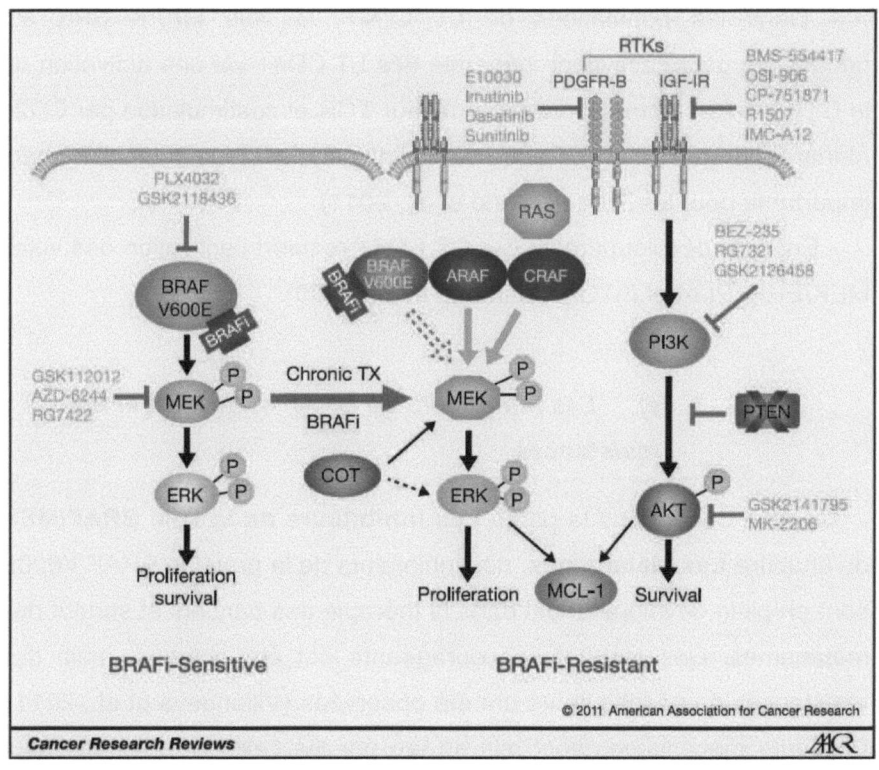

Figure 52 : Les résistances développées par les cellules de mélanome pour contrer les inhibiteurs de BRAF V600E.
Les autres inhibiteurs de la voie des RTK sont aussi décrits (Villanueva et al., 2011).
MCL-1 est une protéine de la famille Bcl-2 qui intervient dans la survie cellulaire.

Comme des résistances aux inhibiteurs de BRAF sont apparues, des inhibiteurs de MEK ont aussi été développés pour le traitement des mélanomes. En monothérapie, les inhibiteurs tels que GSK112012 (GlaxoSmithKline) et Selumetinib (AZD6244, ARRY-142886, AstraZeneca) n'ont pas apporté d'amélioration majeure. Mais ces études ont été conduites sans prendre en compte le statut muté de BRAF (Trujillo, 2011), et des études rétrospectives semblent montrer une légère amélioration de la survie des patients lorsque BRAF est muté en

V600E. De nombreux essais cliniques ont été faits avec des inhibiteurs de MEK, ils sont répertoriés dans la revue de Trujillo (Trujillo, 2011). Globalement, ces études montrent que l'utilisation des inhibiteurs de MEK seuls améliore peu la survie des patients par rapport au traitement de chimiothérapie avec la Dacarbazine.

Actuellement, des essais cliniques sont également en cours pour évaluer l'intérêt de combiner des inhibiteurs de MEK et de la voie PI3K/AKT pour contrer les résistances aux inhibiteurs de BRAF muté (Villanueva et al., 2011). Les premiers résultats sont encourageants car ils mettent en évidence des effets cytostatiques conduisant à l'apoptose des cellules tumorales.

Les nombreux essais cliniques actuels se focalisent sur les effets des inhibiteurs sur la prolifération et la survie des tumeurs sans prendre en compte le volet immun. Les études du Dr. J. Galon (Galon et al., 2006; Galon et al., 2012) et du Dr. G. Erdag (Erdag et al. 2012) ont pourtant montré un rôle essentiel du micro-environnement immun dans le devenir des patients. Il serait intéressant de développer des traitements pharmacologiques qui régulent la survie, la prolifération et la migration des cellules tout en jouant sur les volets immuns innés et adaptatifs. Des inhibiteurs des GTPases Rho et des MAPK semblent indiqués pour effectuer des études des réponses immunes anti-tumorales plus approfondies dans le cas du mélanome métastatique.

Objectifs des travaux

La recherche de marqueurs liés aux capacités métastatiques des mélanomes est nécessaire, ainsi que celle de molécules pharmacologiques qui amplifieraient les réponses immunes et pourraient améliorer les thérapies du mélanome. En effet, l'incidence du mélanome est en forte augmentation et les traitements actuels ont une efficacité modérée sur les mélanomes métastatiques.

Au cours de mes travaux dirigés par le Dr. Anne-Françoise Tilkin-Mariamé, à l'Université Paul Sabatier - Toulouse III et l'unité UMR 1037 INSERM/CNRS, nous avons recherché des agents pharmacologiques qui permettraient d'augmenter l'immunogénicité des cellules de mélanome dans le but de les évaluer dans des protocoles précliniques d'immunothérapie du mélanome. Ces agents pharmacologiques devraient permettre d'augmenter l'expression de ligands activateurs reconnus par les cellules effectrices des systèmes immunitaires inné et adaptatif. Nous nous sommes intéressés aux molécules du CMH-I, aux molécules de costimulation CD80, CD86 et CD70, et à un ligand reconnu par les cellules NK : MICA. Nous avons aussi voulu savoir si ces ligands du système immunitaire pourraient avoir d'autres fonctions que celles liées à leur rôle immunologique. Et en particulier, nous avons cherché s'ils pouvaient réguler d'autres phénomènes importants dans les mélanomes tels que les capacités métastatiques des cellules de tumorales.

Le but de cette thèse de doctorat est d'étudier des rôles régulateurs des GTPases Rho sur l'expression de ligands du système immunitaire, sur des cellules de mélanomes murins et humains et leurs conséquences sur le développement tumoral.

RESULTATS

Résultats I

Melanoma Cells Treated with GGTI and IFNγ Allow Murine Vaccination and Enhance Cytotoxic Response against Human Melanoma Cells

Guillaume Sarrabayrouse, Christine Pich, Raphaël Moriez, Virginie Armand-Labit, Philippe Rochaix, Gilles Favre, Anne-Françoise Tilkin-Mariamé

PLos One, February 2010, Vol 5(2) : e9043

Les stratégies d'immunothérapie des mélanomes par transferts adoptifs utilisent soit des peptides d'antigènes de tumeur, soit des cellules de mélanomes de patients pour stimuler *in vitro* des TIL ou des lymphocytes du sang périphérique pour induire l'activation d'effecteurs immuns cytotoxiques spécifiques des tumeurs. Ceux-ci seront réinjectés aux malades dans le but de détruire leurs cellules tumorales. L'une des limites de cette stratégie est liée à la faible immunogénicité des cellules tumorales qui ne permet pas toujours une activation lymphocytaire optimale (Joseph et al., 2011; Mazzarella et al., 2011; Topalian et al., 1990).

La vaccination thérapeutique est l'une des stratégies d'immunothérapie développée actuellement dans le traitement du mélanome métastatique. Cette technique consiste à stimuler spécifiquement la réponse immunitaire du malade en lui injectant des antigènes tumoraux, sous forme native ou associés à des cellules dendritiques. Une autre voie de vaccination est basée sur l'injection aux patients des cellules tumorales irradiées (Chen et al., 2002; Simons et al., 1999). Cette stratégie est intéressante car contrairement à la vaccination par injections de peptides, les cellules tumorales induisent généralement une réponse de type polyclonale. Cependant la limite de cette dernière méthode reste à nouveau liée à la faible immunogénicité des tumeurs. Néanmoins, différents groupes, dont le nôtre, ont mis en évidence l'efficacité de la vaccination thérapeutique lorsqu'elle est réalisée à l'aide de cellules tumorales génétiquement modifiées pour surexprimer des molécules de CMH ou de costimulation (Bosch et al., 2007; Cormary et al., 2005; Grangeon et al., 2002).

De plus, nous avons montré qu'un traitement *in vitro* associant l'IFNγ et un inhibiteur de la géranylgéranyltransférase de type I, le GGTI-298, induit la surexpression des molécules de CMH-I et de costimulation CD80 et CD86 à la surface des cellules de mélanome murin B16F10 (Tilkin-Mariame et al., 2005).

A partir de là, nous avons évalué l'intérêt de ces traitements *in vitro* par l'IFNγ et le GGTI-298 sur des cellules de mélanome B16F10 pour leur utilisation dans des protocoles de vaccination dans des souris syngéniques C57BL/6. Ensuite, nous avons testé l'efficacité de ces traitements *in vitro* sur des lignées de mélanomes humaines dans le but de les rendre plus immunogéniques et donc susceptibles de devenir de meilleurs outils cellulaires pour l'immunothérapie.

Vaccination avec des cellules B16F10 prétraitées *in vitro* par une combinaison d'IFNg et de GGTI-298

L'équipe a précédemment montré que les cellules de mélanome murin B16F10 cotraitées à l'IFNγ et au GGTI-298 surexprimaient les molécules de CMH-I grâce à une surexpression des transporteurs de peptides TAP1 et TAP2 (Tilkin-Mariame et al., 2005). De plus, le traitement par le GGTI-298 (seul ou en association avec l'IFNγ) induit une surexpression des molécules de costimulation CD80 et CD86 (Tilkin-Mariame et al., 2005).

A partir de cela, nous avons voulu évaluer *in vivo* le potentiel vaccinal de ces cellules prétraitées *in vitro*. Pour cela, des souris syngéniques immunocompétentes C57BL/6 ont été vaccinées par une injection en sous-cutané des cellules irradiées à 120 Gray. Les cellules vaccinales testées sont les cellules B16F10 prétraitées *in vitro* par divers traitements : Non Traitées NT ; IFNγ ; GGTI-298 ; ou IFNγ/GGTI-298. L'efficacité de cette vaccination est testée 30 jours après l'injection des cellules vaccinales. Les souris sont alors injectées avec des cellules B16F10 non irradiées et non traitées afin de savoir si la croissance de ces tumeurs est modifiée par les vaccinations. La croissance tumorale a été suivie pendant 17 jours. Elle est ralentie dans les souris vaccinées par les cellules tumorales irradiées et prétraitées avec l'association de l'IFNγ et du GGTI-298 par rapport aux autres conditions. Nous avons même observé que 60% des souris vaccinées avec ce traitement ne développent pas de tumeurs. D'autre part, nous avons également testé la capacité de notre protocole vaccinal à réduire l'implantation de métastases pulmonaires suite à l'injection intra-veineuse des cellules B16F10 non traitées et non irradiées 30 jours après vaccination. Nous avons constaté que l'implantation des métastases pulmonaires était fortement diminuée.

L'ensemble de ces résultats montrent que nos traitements favorisent la capacité des cellules B16F10 irradiées à mettre en place une réponse immunitaire mémoire capable de prévenir ou de ralentir le développement tumoral.

Génération de LT CD8+ cytotoxiques spécifiques après coculture avec des cellules de mélanome humain LB1319-MEL prétraitées *in vitro* par l'IFNγ et le GGTI-298

Au cours de ce travail, nous avons également évalué la capacité de mélanomes humains traités *in vitro* par de l'IFNγ et du GGTI-298 à devenir plus immunogéniques et donc à induire une réponse lymphocytaire T spécifique de la tumeur à partir de lymphocytes naïfs du sang périphérique. Comme dans le modèle murin B16F10, les cellules de la lignée de mélanome humain LB1319-MEL traitées au GGTI-298 et à l'IFNγ surexpriment les protéines TAP1 et TAP2, ce qui permet l'induction d'une surexpression membranaire du CMH-I, mais pas d'augmentation du CMH-II lié à l'ajout du GGTI-298. De plus, comme dans le modèle murin B16F10, nous avons mis en évidence une capacité du GGTI-298 à modifier l'expression membranaire de molécules de costimulation. Dans ce modèle de mélanome humain LB1319-MEL, nous avons testé l'efficacité du GGTI-298 à induire des molécules de costimulation des familles B7 et TNF/TNFR et en particulier les molécules de costimulation activatrices (CD86) et inhibitrices (PD-1L). Nous avons observé que nos traitements par le GGTI-298 augmentent l'immunogénicité des tumeurs. En effet, ces traitements induisent simultanément une diminution de l'expression de la molécule de costimulation inhibitrice PD-1L et une augmentation de la molécule activatrice CD86.

La lignée LB1319-MEL présente l'antigène de tumeur MelanA-MART1 par la molécule de CMH-I d'haplotype HLA-A0201 (Brasseur, 2002). Des expériences de coculture entre ces cellules de mélanomes traitées et irradiées avec des PBMC de donneurs sains d'haplotypes compatibles (HLA-A0201+), nous ont permis de montrer l'efficacité de notre traitement pour induire l'activation de lymphocytes T (LT CD8+/CD69+) et l'acquisition par ces cellules de la fonction cytotoxique (LT CD8+/CD107a+). Nous avons également mis en évidence l'acquisition par la coculture avec les cellules de mélanomes traités d'une cytotoxicité spécifique de ces LT CD8+ qui lysent les cellules tumorales d'haplotype HLA-A0201 présentant l'antigène MelanA-MART1 (LB1319-MEL) mais pas des cellules tumorales contrôles (Jurkat).

L'ensemble de ces observations suggèrent que le prétraitement *in vitro* de cellules de mélanomes humains HLA-A0201+/MelanA-MART1+ par l'IFNγ et GGTI-298 pourrait être une nouvelle stratégie permettant de générer des cellules de mélanomes suffisamment immunogéniques pour induire *in vitro* des LT CD8+ cytotoxiques à partir de PBMC naïfs. Ces traitements pourraient donc avoir un intérêt dans des approches d'immunothérapie adoptive mais également de vaccination.

Avant la parution de cet article dans PLoS One, j'ai soumis un abstract au 2ème congrès européen d'immunologie de Berlin (2009) et il a été sélectionné pour être publié sous forme d'un article dans les Proceedings du congrès. Je signe cet article en premier auteur.

Résultats II

Melanoma expressed CD70 involvement in invasion and metastasis

Christine Pich*, Guillaume Sarrabayrouse*, Iotefa Teiti, Bernard Mariamé, Laurence Lamant, Philippe Rochaix, Audrey Delmas, Gilles Favre, Véronique Maisongrosse and Anne-Françoise Tilkin-Mariamé

* Les co-premiers auteurs ont contribué de façon égale à ce travail

Article en cours de soumission

L'incidence du mélanome a triplé ces 20 dernières années. Le traitement par exérèse chirurgicale est efficace dans 80% des cas, lorsque la tumeur primaire est complètement enlevée et que le mélanome est pris à temps. Dans les 20% restants, les mélanomes sont métastatiques et les traitements actuels montrent des efficacités modérées. La recherche de marqueurs qui permettraient de déterminer le devenir métastatique des cellules de mélanome est donc absolument nécessaire.

CD70 (CD27L) est une molécule de costimulation de la famille du TNF. Elle est exprimée sous forme homotrimérique sur les LT, LB, et CD activés (Denoeud and Moser, 2011; Nolte et al., 2009) mais aussi sur certaines tumeurs comme les glioblastomes et les carcinomes rénaux où son rôle immunologique fait l'objet de controverses (Aulwurm et al., 2006; Diegmann et al., 2006; Wischhusen et al., 2002). CD27 est le récepteur de CD70, il est exprimé sur les LT naïfs. L'expression de CD27 est augmentée après activation et disparaît après plusieurs cycles de division et de différenciation. Comme nous avions précédemment montré l'intérêt de l'expression ou de la sécrétion de CD70 par des cellules de carcinome mammaire murin dans la mise en place d'une RI anti-tumorale protectrice (Cormary et al., 2004; Cormary et al., 2005), nous avons voulu déterminer si les mélanomes exprimaient la molécule CD70 et quel était son rôle dans ces tumeurs.

Nous mettons en évidence pour la 1ère fois l'expression membranaire de CD70 sur des cellules de mélanome (environ 30%) et ceci aux stades de mélanomes primitifs, de métastases cutanées et cérébrales. Certains mélanomes expriment CD70 sur toutes les cellules tumorales alors que d'autres tumeurs sont hétérogènes avec des cellules CD70+ et des cellules CD70-. Nous avons étudié cette expression de CD70 sur des échantillons de patients atteints de mélanome à différents stades par immunohistochimie en distinguant visuellement les cellules tumorales des cellules immunes infiltrant les tumeurs. De plus, nous disposons de neuf lignées tumorales obtenues à partir de métastases de mélanome qui nous ont été fournies par le Pr. Boon (LICR, Bruxelles, Belgique). Nous avons trouvé l'expression membranaire de CD70 sur trois de ces lignées, par des analyses de cytométrie en flux. Toutes les cellules de la lignée LB1319-MEL expriment CD70, alors que la lignée LB33-MEL.A possède 50% de cellules CD70+ et la lignée LB39-MEL en possède 20%. Pour l'étude de la fonction de CD70, nous avons cloné la lignée LB39-MEL pour obtenir des clones CD70+ et CD70-.

Nous avons étudié la régulation de l'expression de CD70 sur les mélanomes et nous montrons qu'elle est régulée par la GTPase RhoA. Nous avons déterminé que cette régulation positive se fait au niveau transcriptionnel grâce à l'analyse de l'expression des ARNm de CD70 par des expériences de RT-qPCR et de l'activité du promoteur de CD70 par luminescence.

Surtout, au niveau fonctionnel, nous montrons que l'expression de CD70 est corrélée avec une diminution des capacités d'implantation métastatique pulmonaire (testées *in vivo*) via une diminution des capacités invasives (testées *in vitro*). Nous avons commencé par étudier le rôle de CD70 *in vivo* à l'aide de cellules de mélanome murin B16F10 transfectées stablement soit avec un plasmide codant pour la protéine CD70 soit avec son contrôle neo. Nous avons injecté ces cellules en intra-veineux dans des souris immunocompétentes C57BL/6 wt, ou immunodéprimées C57BL/6 IFNγ-KO et NMRI nu/nu. Les analyses macro- et microscopiques des poumons des souris ont permis de conclure que l'expression de CD70 limite l'implantation pulmonaire des cellules de mélanome. Cette propriété de CD70 est indépendante de sa fonction immunologique puisqu'elle est retrouvée aussi bien chez les souris immunocompétentes que chez les souris immunodéprimées.

Ensuite, des analyses *in vitro* par des tests de migration 2D sur collagène I ou en transwells et d'invasion en chambres de Boyden et en sphéroïdes 3D, nous ont permis de montrer que l'expression de CD70 diminue les capacités de migration et d'invasion des cellules de mélanomes. Pour approfondir l'étude des capacités invasives des mélanomes CD70+, nous avons utilisé un anticorps anti-CD70 fonctionnel qui nous a été fourni par le Pr. López-Botet (UPF, Barcelona, Espagne). L'ajout de cet anticorps *in vitro* favorise la migration et l'invasion des mélanomes CD70+. En présence de l'anticorps, les capacités invasives des mélanomes CD70+ se rapprochent de celles des mélanomes CD70-. Ces résultats suggèrent que l'expression de CD70 est associée à une inhibition des voies métaboliques responsables des capacités invasives des cellules de mélanome et que la fixation de l'anticorps anti-CD70 libère ces voies. Nous avons déterminé que l'anticorps anti-CD70 induit la diminution de l'expression membranaire des molécules CD70 sous leur forme fonctionnelle, c'est-à-dire homotrimérique. En parallèle de la diminution de la forme CD70 trimérique, nous avons observé une activation de la voie BRAF/MEK/ERK, une surexpression de la GTPase RhoE et une inhibition des fibres de stress d'actine et des points focaux d'adhésion. La voie des MAPK et de la GTPase RhoE ainsi que les fibres de stress et les points focaux sont connus pour intervenir dans les mécanismes de mobilité cellulaire et de métastases des mélanomes. Ces résultats indiquent que CD70 sous forme homotrimérique induit une signalisation qui limite l'activation des BRAF/MEK/ERK, ce qui va également limiter l'expression de RhoE et activer la formation des fibres de stress d'actine et des points focaux d'adhésion.

De plus, d'une façon très intéressante, nous avons constaté que sur trois métastases successives d'un même mélanome (cutanée, ganglionnaire et intestinale) l'expression de CD70 diminue au cours de l'évolution de la maladie, ce qui semble confirmer un rôle anti-invasif de CD70.

Nos travaux montrent l'expression de CD70 sur des mélanomes humains et sa régulation par la GTPase RhoA. Surtout ils décrivent un rôle nouveau non-immunologique de CD70 qui serait un marqueur de sous-populations de mélanome présentant un pouvoir métastatique diminué, car l'expression de CD70 est liée à la motilité cellulaire via la régulation de la voie BRAF/RhoE.

Résultats III

Statins reduce melanoma development and metastasis through MICA overexpression

Christine Pich, Teiti Iotefa, Philippe Rochaix, Bernard Mariamé, Bettina Couderc, Gilles Favre, and Anne-Françoise Tilkin-Mariamé

Frontiers in Immunology, March 2013, Vol 4:62. doi: 10.3389/fimmu.2013.00062

L'incidence du mélanome a été multipliée par trois ces 20 dernières années. L'efficacité modérée des traitements classiques dans les cas métastatiques motive la recherche de molécules pharmacologiques qui amplifieraient les réponses immunes et amélioreraient les thérapies du mélanome. Les cellules NK jouent un rôle essentiel dans les réponses immunes grâce à leur capacité à lyser les cellules tumorales et à fournir des antigènes tumoraux et des cytokines (Trapani and Smyth, 2002; Vivier et al., 2011). Le rôle essentiel du récepteur activateur NKG2D a été mis en évidence *in vivo* chez des souris déficientes en NKG2D qui meurent précocement de cancers (Guerra et al., 2008). L'un de ses ligands humains est la protéine MICA, dont l'expression peut être régulée aux niveaux transcriptionnel et post-traductionnel (Nausch and Cerwenka, 2008).

Les statines sont des inhibiteurs pharmacologiques de la HMG-CoA réductase qui permet la synthèse du mévalonate. Ces médicaments sont particulièrement utilisés dans le traitement des maladies cardiovasculaires et cérébrovasculaires car le mévalonate est un précurseur du cholestérol (Boudreau et al., 2010; Demierre et al., 2005). Il est également le précurseur des composés isoprénylés, farnésylpyrophosphate et génarylgéranyl-pyrophosphate, nécessaires à l'ancrage membranaire des protéines prénylées telles que les GTPases Ras et Rho. Nous avons montré précédemment que des inhibiteurs de prénylation, le GGTI-298, en combinaison avec de l'IFNγ permettaient d'induire une réponse adaptatrice protectrice mémoire anti-mélanome (Tilkin-Mariame et al., 2005). Nous souhaitons déterminer si des inhibiteurs de la voie du mévalonate pourrait aussi induire une réponse innée qui participerait à la mise en place de la réponse immune anti-mélanome.

Au cours de ce travail, nous avons étudié la régulation par les statines de l'expression de la protéine MICA sur des lignées de mélanomes humains et l'effet de cette régulation sur la réponse NK. Nous avons utilisé une statine synthétique, l'atorvastatine (Kearney et al., 1993) et une statine naturelle, la lovastatine (Endo, 1980). MICA est un ligand humain qui est aussi bien reconnu par le récepteur activateur NKG2D des cellules NK humaines que murines, et permet leur activation dans les deux modèles (Fuertes et al., 2008). Nous montrons qu'un traitement avec de l'atorvastatine permet la surexpression de la protéine MICA totale et de sa forme membranaire sur les cellules de mélanome métastatique LB1319-MEL. Le traitement n'est pas toxique en lui-même car les cellules prétraitées ou non présentent une prolifération *in vitro* similaire. La surexpression de MICA est fonctionnelle car elle induit *in vitro* une augmentation de la sensibilité à la lyse par les cellules NK humaines et murines. Nous avons également obtenu la surexpression membranaire de MICA suite au traitement à la lovastatine.

Pour déterminer si des protéines prénylées sont impliquées dans la régulation de l'expression de MICA, nous avons étudié les rôles respectifs de RhoA, B, et C, Rac1 et Cdc42, en les inhibant par des siRNAs. Les résultats montrent que RhoA ne régule pas l'expression de MICA, alors que Rac1, RhoB et RhoC seraient des régulateurs positifs. Nous nous sommes ensuite intéressés aux GTPases Ras. Nous avons bloqué leurs activités par l'inhibiteur spécifique l'acide S-**F**arnesyl**T**hio**S**ialicylique (FTS) et analysé l'expression de MICA. Comme les GTPases Rho et les protéines Ras régulent positivement l'expression de MICA, nous n'avons pas pu déterminer quel(s) est(sont) le(s) régulateur(s) négatif(s) de l'expression de MICA responsable(s) de l'action de l'atorvastatine. Nous comptons étudier d'autres voies métaboliques qui sont, comme les GTPases, inhibées par les statines et qui pourraient contribuer à l'augmentation de MICA sous traitement par les statines. Nous allons étudié la voie de production des espèces réactives oxygénées (Balakumar et al., 2012) et celle de PPARγ (Balakumar and Mahadevan, 2012).

Enfin nous avons étudié l'impact du traitement à l'atorvastatine des cellules LB1319-MEL sur le développement des tumeurs et des métastases *in vivo* en souris NMRI nu/nu. Nous avons injecté en sous-cutanée les cellules LB1319-MEL prétraitées ou non et avons suivi la croissance tumorale sous-cutanée. Nous avons observé un ralentissement significatif de la croissance tumorale des cellules prétraitées à l'atorvastatine. Ce ralentissement suggère que la surexpression membranaire de MICA induite par le traitement à l'atorvastatine favorise l'induction d'une réponse innée anti-tumorale. En effet, nos résultats *in vitro* montrent que ces traitements à la statine ne sont pas toxiques mais ils augmentent la sensibilité des cellules tumorales à la lyse par les cellules NK. Ces résultats montrent que la régulation de MICA par les statines est essentielle pour la réponse immune innée anti-mélanome et pour le contrôle du développement tumoral. De plus, nous avons injecté en intra-veineux des cellules LB1319-MEL prétraitées ou non à l'atorvastatine dans la veine caudale de souris NMRI nu/nu pour étudier l'effet du traitement par les statines sur l'implantation métastatique des cellules tumorales dans les poumons des souris. Grâce à un marquage des cellules tumorales avec de l'Intregrisense, nous avons pu déterminer que le traitement permettait de réduire l'implantation des cellules LB1319-MEL dans les poumons des souris.

L'ensemble de ce travail suggère que l'atorvastatine pourrait être utilisée dans le traitement des mélanomes, et qu'elle semble limiter la formation des métastases.

Commentaire de l'article III :

Nous avons également analysé l'expression de MICA sur d'autres lignées de mélanomes : BB74-MEL et LB39-MEL (Brasseur, 2002). Nous avons tout d'abord déterminé que l'atorvastatine à 10 µM pendant 48 h induit une modification de l'expression membranaire de MICA dans les deux lignées. Dans la lignée BB74-MEL, l'atorvastatine permet l'augmentation de MICA, comme pour la lignée LB1319-MEL (Figure A1.1A). Mais dans cette lignée seul le transport de MICA à la membrane plasmique est augmenté car nous n'avons pas observé de modification de la quantité totale de protéine (Figure A1.1B), ni du clivage de MICA (Figure A1.1C). Nous avons vérifié que le traitement des cellules BB74-MEL avec 10 µM d'atorvastatine n'était pas toxique en suivant la prolifération des cellules (Figure A1.1D). Nous avons ensuite déterminé si l'augmentation de MICA pouvait favoriser la lyse par les cellules NK. Nous avons cocultivé des cellules BB74-MEL prétraitées ou non avec de l'atorvastatine à 10 µM avec des cellules NK murines triées à partir des rates de souris C57BL/6. Après 4h de coculture, nous avons analysé le pourcentage de cellules BB74-MEL mortes avec le kit Cytoxilux (OncoImmun, Interchim). Nous mettons en évidence une augmentation significative de la lyse lorsque MICA est surexprimée suite au traitement des cellules à l'atorvastatine (Figure A1.1E). Ces résultats confirment qu'une surexpression membranaire de MICA suite à un traitement à l'atorvastatine permet d'induire une augmentation de la sensibilité à la lyse par les cellules NK.

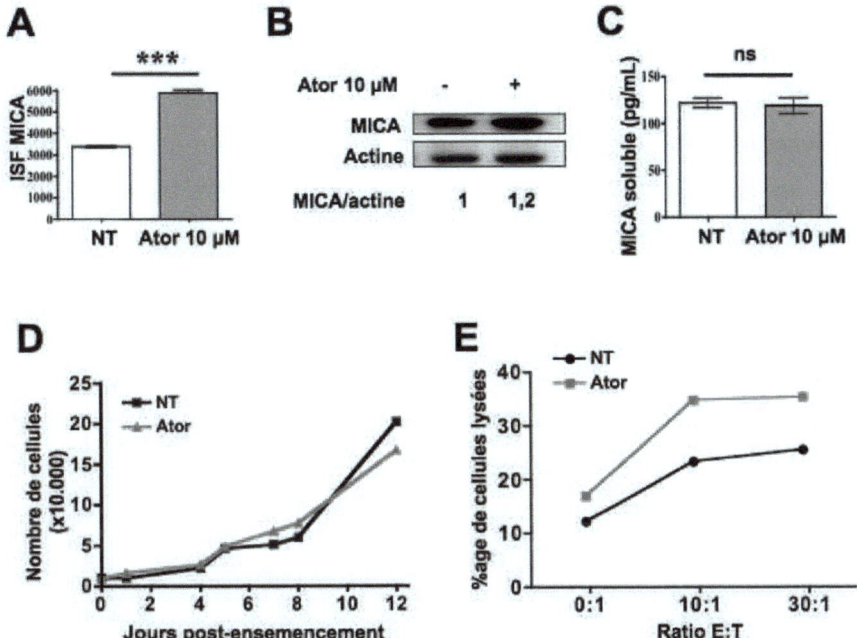

Figure A1.1 : Le traitement des cellules BB74-MEL par l'atorvastatine induit la surexpression membranaire de MICA et augmente la cytotoxicité dépendante des cellules NK.
*Le traitement à l'atorvastatine à 10 µM entraîne une augmentation de l'expression membranaire de MICA sur les cellules BB74-MEL **(A)**. Cette augmentation n'est pas retrouvée au niveau de l'expression totale **(B)** et du clivage **(C)**. Le traitement n'est pas toxique par lui-même **(D)**, mais permet d'augmenter la sensibilité à la lyse par les cellules NK murines triées à partir des rates de souris C57BL/6 **(E)**.*

Nous avons ensuite étudié l'effet de l'atorvastatine sur les cellules LB39-MEL. Contrairement aux cellules LB1319-MEL et BB74-MEL, nous observons une diminution de l'expression membranaire de MICA suite au traitement pendant 48 h des cellules avec 10 µM d'atorvastatine (Figure A1.2A). Cette modification membranaire est probablement due à une diminution du transport de MICA à la membrane plasmique des cellules LB39-MEL, car nous n'observons pas de modification significative de l'expression totale (Figure A1.2B) ou du clivage (Figure

A1.2C) de MICA. Comme précédemment le traitement en lui-même n'est pas toxique car les cellules prétraitées ou non par l'atorvastatine ont une prolifération similaire (Figure A1.2D). Lorsque nous avons cocultivé les cellules LB39-MEL prétraitées ou non à l'atorvastatine avec des clones NK, les cellules NK92, nous avons observé une légère diminution de la sensibilité à la lyse par les cellules NK lorsque l'expression membranaire de MICA est diminuée.

D'après les résultats obtenus avec les lignées LB1319-MEL, BB74-MEL et LB39-MEL, nous pouvons déduire que l'atorvastatine régule l'expression membranaire de MICA sur les mélanomes et module ainsi la sensibilité à la lyse des tumeurs par les cellules NK. Le traitement à l'atorvastatine induit une réponse immune innée plus importante s'il permet l'augmentation de l'expression de MICA.

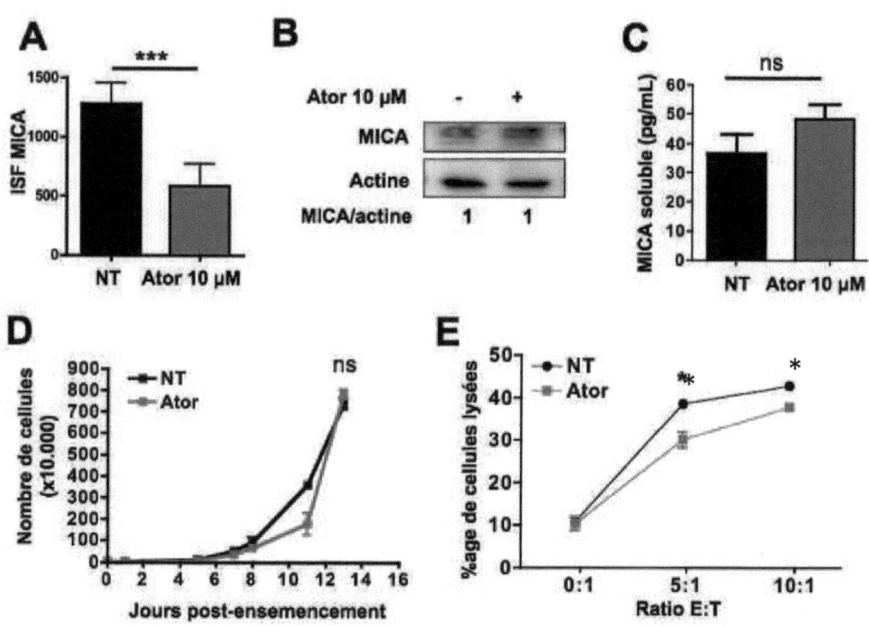

Figure A1.2 : Le traitement des cellules LB39-MEL par l'atorvastatine réduit l'expression membranaire de MICA et diminue la cytotoxicité dépendante des cellules NK.
*Le traitement à l'atorvastatine à 10 µM entraîne une diminution de l'expression membranaire de MICA sur les cellules LB39-MEL **(A)**. Cette régulation n'est pas retrouvée au niveau de l'expression totale **(B)** et du clivage **(C)**. Le traitement n'est pas toxique par lui-même **(D)**, mais il permet de diminuer la sensibilité à la lyse par les cellules du clone NK92 **(E)**.*

Enfin, pour étudier à la fois les volets inné et adaptatif de l'implication du récepteur NKG2D dans les réponses immunes, nous avons voulu travailler avec le modèle murin B16F10 et les souris C57BL/6. En effet, NKG2D est un récepteur activateur des cellules NK, mais il permet également la costimulation des LT CD8+. Nous avons tout d'abord déterminé que les cellules B16F10 exprimaient le ligand murin de NKG2D : la protéine RAE-1. Ensuite nous avons traité les cellules B16F10 avec de l'atorvastatine, de la Tat-C3 exoenzyme ou un siRNA spécifique de RhoA (siRhoA2). D'après les résultats obtenus en cytométrie en flux (Figure A1.3A) et en immunoempreinte (Figure A1.3B), ces traitements permettent d'augmenter l'expression membranaire de RAE-1 mais pas son expression totale. Comme nous disposons des souris syngéniques immunocompétentes C57BL/6 et immunodéprimées C57BL/6 IFNγ-KO et de souris déficients en LT (souris NMRI nu/nu), nous pourrons utiliser les cellules B16F10 prétraitées par l'atorvastatine pour étudier les deux volets de l'immunité.

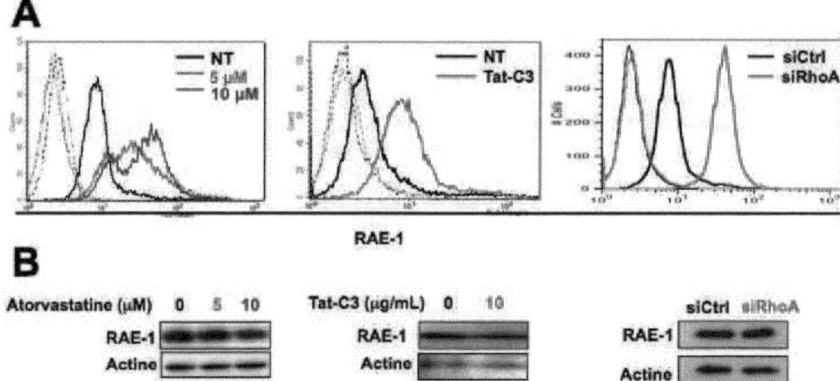

Figure A1.3 : L'expression de RAE-1 sur les cellules B16F10 est régulée négativement par la GTPase RhoA et le traitement des cellules par l'atorvastatine augmente l'expression membranaire de RAE-1.

*L'expression membranaire de RAE-1 est augmentée sur les cellules B16F10 suite au traitement à l'atorvastatine (5 µM et 10 µM), à la Tat-C3 exoenzyme et à l'inhibition de RhoA par un siRNA spécifique **(A)**. Ces traitements n'augmentent pas la quantité de protéine totale RAE-1 dans les cellules B16F10 **(B)**.*

DISCUSSION

Conclusions et perspectives

Au cours de ma thèse, j'ai étudié les rôles régulateurs des GTPases Rho dans la reconnaissance des cellules de mélanomes humains et murins par les cellules du système immunitaire inné et adaptatif. Nous avons commencé par l'étude d'un traitement combinant l'IFNγ et le GGTI-298 qui augmente l'immunogénicité des tumeurs afin que leur utilisation soit possible dans des protocoles de vaccination et de transfert adoptif. Nous avons ensuite montré que la molécule de costimulation CD70, dont l'expression est régulée par RhoA, est exprimée sur les cellules de mélanome présentant un pouvoir métastatique diminué. Enfin, nous avons mis en évidence qu'un traitement par des statines induit la surexpression de MICA sur les mélanomes, ce qui amplifie la réponse NK, et entraîne un ralentissement de la croissance tumorale et une diminution de l'implantation des métastases dans les poumons.

I. Rôles des GTPases Rho dans la mise en place d'une réponse adaptative protectrice

L'équipe a précédemment montré que des cellules de mélanome murin B16F10 étaient plus immunogènes suite à un traitement combinant de l'IFNγ et des inhibiteurs des GTPases Rho (statine, inhibiteur de la géranylgéranyltransférase de type I, C3 exoenzyme) (Tilkin-Mariame et al., 2005). Ce double traitement induisait la surexpression membranaire des molécules de CMH-I et de costimulation CD80 et CD86. Nous avons poursuivi ce travail en évaluant l'intérêt de ce traitement dans un protocole de vaccination. Nous avons mis en évidence que la vaccination avec des cellules B16F10 traitées par l'association d'IFNγ plus GGTI-298 permet de ralentir la croissance tumorale de cellules B16F10 non traitées (NT) et surtout que 60% des souris sont totalement protégées et ne développent pas de tumeurs suite à l'implantation des cellules B16F10 NT. Par ailleurs, cette vaccination est aussi efficace pour limiter les métastases pulmonaires après injection intraveineuse des cellules B16F10 NT. Ces résultats sont très intéressants car ils montrent que grâce au traitement IFNγ plus GGTI-298, il est possible d'obtenir des cellules de mélanome beaucoup plus immunogènes. En effet, l'un des problèmes majeurs des immunothérapies actuelles dans le mélanome est d'avoir des cellules tumorales suffisamment immunogènes pour induire une forte activation des lymphocytes effecteurs spécifiques des tumeurs.

Nous avons ensuite utilisé ce même traitement, par l'IFNγ plus le GGTI-298, sur une lignée de mélanome humain LB1319-MEL pour tenter d'augmenter son potentiel immunogène *in vitro*. Ces cellules expriment le CMH-I HLA-A0201 et le TAA MelanA-MART1. Cette lignée est intéressante à utiliser car la majorité (plus de 55%) de la population caucasienne exprime HLA-A0201. De plus, le TAA le plus exprimé par les mélanomes est MelanA-MART1, en effet il est exprimé chez plus de 80% des patients. Suite au traitement par l'IFNγ et le GGTI-298, les cellules LB1319-MEL surexpriment fortement HLA-A0201 et en plus elles expriment la molécule de costimulation CD86 en membrane. Par contre, nous n'avons pas observé de surexpression membranaire de CMH-II liée à la présence du GGTI-298 dans le traitement *in vitro*. Nous avons montré que ces cellules traitées et irradiées étaient plus immunogènes que les mêmes cellules irradiées et non traitées, car elles permettent d'obtenir un plus grand nombre de LT CD8+ cytotoxiques spécifiques de la tumeur, restreints par HLA-A0201 et reconnaissant MelanA-MART1, à partir de PBMC naïfs. Ainsi, les cellules LB1319-MEL, traitées par IFNγ et GGTI-298 puis irradiées, se comportent comme des CPA qui permettraient d'amplifier spécifiquement les RI adaptatives contre le mélanome. Nous pourrions envisager d'utiliser ces cellules comme cellules stimulantes dans les cultures *in vitro* faites avec les PBMC ou les TIL des patients en vue de les réinjecter à ces malades dans des protocoles d'immunothérapie adoptive. Comme ces cellules LB1319-MEL présentent le CMH-I et le TAA les plus communs aux mélanomes des populations caucasiennes, elles pourraient être utilisées pour une proportion importante des patients. En effet, ces cellules pourraient être utilisées pour amplifier les CTL spécifiques des tumeurs à partir de PBMC prélevés chez les patients HLA-A0201 atteints de mélanomes présentant le TAA MelanA-MART1. Lors de la stimulation *in vitro* des PBMC des donneurs sains HLA-A0201 avec les cellules LB1319-MEL, il y a simultanément une activation des LT spécifiques des antigènes d'histocompatibilité allogéniques portés par les cellules tumorales. En effet, les patients et les cellules LB1319-MEL partagent HLA-A0201 mais ils sont sûrement différents pour une partie ou la totalité des autres molécules de CMH-I (HLA-A, HLA-B, HLA-C) et de CMH-II, au vu de leur énorme diversité. Cependant, dans nos conditions expérimentales, nous avons montré que parmi les effecteurs immuns obtenus une majorité importante était des CTL spécifiques de MelanA-MART1 et restreints par HLA-A0201. La présence d'une molécule de CMH-I allogénique n'empêche pas l'activation de CTL spécifiques anti-tumoraux et même nous avons précédemment montré qu'au contraire cette forte activation allogénique favorisait la réponse anti-tumorale spécifique, probablement à cause d'une sécrétion massive de cytokines pro-inflammatoires (Tilkin-Mariame et al., 2005). Bien sûr, nous sommes parfaitement conscients que l'utilisation, en clinique dans des protocoles d'immunothérapie, de lignées cellulaires établies pose d'énormes, voire d'insurmontables problèmes de validation des cellules. Mais le traitement *in vitro* des cellules tumorales prélevées chez le patient lui-même pourrait être envisagé. En effet, ces cellules tumorales pourraient être préalablement traitées par de l'IFNγ et des inhibiteurs des GTPases Rho avant d'être irradiées et mises en coculture avec les PBMC ou les TIL des patients, d'autant plus qu'il est facilement imaginable d'obtenir de l'IFNγ et des statines utilisables en clinique.

Il serait également envisageable d'utiliser ces cellules LB1319-MEL traitées, par l'IFNγ plus du GGTI-298 (ou des statines) et irradiées, dans des protocoles de vaccination. En effet, il existe des protocoles de vaccination thérapeutique dans lesquels des lysats de cellules tumorales sont injectés seuls ou avec des CD aux patients pour stimuler leur système immunitaire (Ridolfi et al., 2011). Des essais cliniques ont également été tentés en utilisant des cellules tumorales entières irradiées comme cellules stimulantes (Chen et al., 2002; Simons et al., 1999). Nos mélanomes traités seraient très performants dans ce type de protocole. Nous avons montré que les cellules LB1319-MEL traitées l'IFNγ et du GGTI-298 puis irradiées se comportaient comme des CPA et nous avons aussi mis en évidence avec les cellules B16F10 l'induction d'une mémoire protectrice puisque 60% des souris vaccinées ne développent pas de tumeur suite à leur réinjection par les cellules B16F10 NT. De plus, l'induction d'une mémoire immune et plus particulièrement d'effecteurs LT CD8+ mémoires est déterminante pour le devenir des patients, comme l'ont montré les travaux du Dr. J Galon

(Galon et al., 2006) dans les cancers colorectaux et de plusieurs équipes dans le mélanome (Clark et al., 1989; Clemente et al., 1996; Mackensen et al., 1993) où la survie des patients était directement influencée par l'infiltration des tumeurs par des LT CD8+ mémoires.

Des expériences précliniques seraient nécessaires pour évaluer l'efficacité de nos cellules B16F10 traitées par l'IFNγ et les inhibiteurs des GTPases Rho dans des protocoles de vaccination thérapeutiques, c'est-à-dire en ayant au préalable implanté les tumeurs B16F10 NT avant de vacciner les souris avec les cellules traitées et irradiées. D'autre part, il serait également très intéressant de tester l'efficacité antitumorale de ce double traitement (IFNγ plus inhibiteurs) directement injecté à des souris porteuses de tumeurs B16F10 NT. L'utilisation de statines, comme inhibiteurs des GTPases Rho, associées à l'IFNγ pourrait être testée dans ce type de protocole. Au cours de vaccination avec les cellules LB1319-MEL traitées et irradiées ou avec des cellules tumorales de patients traités de la même façon, deux voies de présentation antigéniques pourraient se mettre en place. D'une part, la présentation des TAA par les cellules tumorales elles-mêmes, et d'autre part, comme elles ont été tuées par irradiation, elles pourraient être phagocytées par des CD, fournir des TAA et stimuler ainsi la RI antitumorale.

Enfin, l'utilisation des cellules tumorales du patient lui-même pour le traitement à l'IFNγ et aux inhibiteurs des GTPases Rho avant leur utilisation comme cellules stimulantes dans des protocoles d'immunothérapie ou de vaccination thérapeutique permettrait de cibler tous les patients même ceux qui ne sont pas HLA-A0201 ou qui n'expriment pas MelanA-MART1.

II. Rôles des GTPases Rho dans l'expression de CD70, un marqueur lié aux capacités métastatiques des mélanomes

Les mélanomes métastatiques sont à l'heure actuelle un problème majeur de santé publique du fait de la faible survie des patients à 5 ans. Il est nécessaire de trouver des marqueurs liés aux capacités métastatiques des cellules de mélanome.

CD70 est une molécule de costimulation qui appartient à la superfamille du TNF. Plusieurs équipes ont montré l'expression ectopique de CD70 sur des cellules de glioblastomes et de carcinomes rénaux (Diegmann et al., 2006; Wischhusen et al., 2002). Son rôle immunologique dans les glioblastomes fait encore l'objet de controverses (Aulwurm et al., 2006; Wischhusen et al., 2002) et il serait lié à l'échappement tumoral dans les cellules de carcinomes rénaux (Diegmann et al., 2006). Lors de travaux précédents, l'équipe a montré l'intérêt de l'expression ou de la sécrétion de CD70 par des cellules de carcinome mammaire murin dans la mise en place d'une réponse immune protectrice (Cormary et al., 2004; Cormary et al., 2005). Nous avons poursuivi ces travaux en décrivant pour la première fois l'expression de CD70 sur des mélanomes humains. En effet, nous avons montré qu'environ 30% des biopsies de patients atteints de mélanome à différents stades expriment CD70, et que trois lignées de mélanomes métastatiques sur les neuf testées, expriment CD70 à différents degrés. Avec les biopsies des patients, nous n'avons pas obtenu de différence significative d'expression de CD70 entre les différents stades de la maladie, alors que nos expériences montrent que la présence de CD70 est corrélée à une diminution des capacités invasives. Au vu de ces résultats, il aurait été logique d'observer une diminution de l'expression de CD70 au cours de l'évolution de la maladie. Ceci n'a pas été observé avec notre collection de biopsies de mélanome, peut-être trop restreinte. Par contre, cette diminution a bien été mise en évidence avec les trois lignées tumorales obtenues à partir d'un même patient mais à différents stades de la maladie et à plusieurs années d'intervalle. Pour poursuivre cette étude, il faudrait d'une part augmenter le nombre de biopsies testées et d'autre part, comparer non plus l'expression de CD70 avec le stade de la maladie, mais cette expression avec la survie des patients. Pour élargir le nombre de biopsies utilisables pour les marquages de CD70, il faudrait disposer d'un anticorps capable de détecter CD70 sur des lames fixées en paraffine, or actuellement nous ne disposons que d'un seul anticorps qui détecte CD70 uniquement sur des cellules de mélanome présentes sur des coupes fixées en congélation. Des études rétrospectives de marquages avec l'anticorps anti-CD70 de biopsies provenant de patients dont on connaît l'évolution clinique et la survie pourraient permettre de savoir s'il existe un lien entre l'expression tumorale de CD70 et l'évolution du mélanome.

Nous avons étudié la régulation de l'expression de CD70 sur les mélanomes. Nous avons commencé par tester l'implication des GTPases Rho en utilisant l'inhibiteur Tat-C3 exoenzyme qui bloque l'activité de RhoA, B et C. Puis grâce à l'utilisation de siRNA, nous avons montré que seule la GTPase RhoA régulait l'expression de CD70. Nous avons voulu déterminer si cette régulation se faisait via les effecteurs ROCK en bloquant leur activité avec leur inhibiteur spécifique, le H1152. Mais comme nous n'avons pas observé de modification de l'expression de CD70, en présence du H1152, la régulation de CD70 par la GTPase RhoA passe par un ou plusieurs autres effecteurs. Il semble peu probable que des effecteurs tels que mDia, Citron ou encore Pkn1,2 soient impliqués dans la régulation de la transcription de CD70 car ces protéines jouent plutôt des rôles dans le modelage du cytosquelette cellulaire (Bustelo et al., 2007). Par contre d'autres effecteurs de RhoA, tels que PLCγ1 et PKCα, sont connus pour agir sur la transduction du signal et des seconds messagers (Bustelo et al., 2007) et ils pourraient donc participer à la régulation de la transcription de CD70. L'utilisation d'inhibiteurs et de siRNA spécifiques serait nécessaire pour tester leur implication réelle.

De plus, nous avons montré que d'une part la GTPase RhoA et d'autre part la voie de signalisation des MAPK (BRAF/MEK/ERK) régulent positivement et de façon indépendante la transcription de CD70 dans les mélanomes. Cette régulation exercée par BRAF est d'autant plus intéressante, qu'il existe un inhibiteur de BRAF efficace en clinique, le PLX-4032. Nous avons fait séquencer par le service de séquençage de l'ICR, l'exon 15 de BRAF de la lignée LB1319-MEL et des clones LB39-MEL CD70+ et CD70- pour savoir si ces cellules présentaient la mutation BRAF V600E. Les résultats obtenus montrent que LB1319-MEL ne présente pas la mutation V600E, par contre tous les clones LB39-MEL CD70+ sont mutés BRAF V600E, alors qu'une faible proportion des clones LB39-MEL CD70- ne le sont pas. Cette mutation BRAF V600E permet d'activer de façon constitutive la voie BRAF/MEK/ERK. Même si les cellules LB1319-MEL ne sont pas mutées en BRAF V600E, nous avons mis en évidence que la voie BRAF/MEK/ERK est fortement activée dans ces cellules. Ceci suggère que soit BRAF porte une autre mutation activatrice, soit que Ras, en amont de BRAF, porte une mutation qui induit une activation constitutive de la voie des MAPK. Comme on pouvait s'y attendre, l'inhibiteur PLX-4032 est efficace pour inhiber l'expression membranaire de CD70 sur les clones LB39-MEL CD70+ (mutés V600E) et l'est partiellement pour la lignée LB1319-MEL (non mutée V600E) (Figure S1A). Hatzivassiliou *et al.* (Hatzivassiliou et al., 2010) ont montré que dans des cellules qui portent des gènes Ras muté et BRAF wt, l'inhibiteur PLX-4720, analogue du PLX-4032, se fixait sur BRAF wt et entrainait la dimérisation de BRAF et sa localisation membranaire, ce qui activait fortement la voie des MAPK. Dans nos cellules LB1319-MEL, nous avons observé une diminution de BRAF suite au traitement par le PLX-4032. Ce résultat suggère que ces cellules ont une mutation activatrice de la MAPKKK BRAF, car si Ras était mutée, nous aurions observé une augmentation de l'activation de la voie des MAPK. Le séquençage d'autres exons de BRAF, notamment l'exon 11, est nécessaire pour confirmer ces hypothèses.

Enfin, nous avons montré, grâce à l'utilisation de l'anticorps anti-CD70 (Ac QA32) (Garcia et al., 2004) que l'expression de CD70 est corrélée à une diminution des capacités migratoires et invasives des cellules de mélanome. L'équipe du Pr. M. López-Botet (Garcia et al., 2004) a précédemment montré que dans des LT activés, exprimant CD70 et son récepteur CD27, la fixation de l'Ac QA32 induisait la surexpression de CD27 et l'activation des voies MAPK et PI3K/AKT. Nous avons testé l'effet de la fixation de l'Ac QA32 sur les cellules de mélanome. Nous n'avons pas observé l'expression du récepteur CD27 ni sur les cellules LB1319-MEL ni sur les clones LB39-MEL CD70+ (Figure S1B). Par contre, la fixation de l'Ac QA32 induit bien l'activation de la voie des MAPK. Ce résultat montre que la signalisation induite par CD70 régule négativement l'activation de la voie BRAF/MEK/ERK/RhoE, car la fixation de l'Ac QA32 entraîne une diminution de la forme homotrimérique de CD70 qui mime son absence, ce qui libère la voie

BRAF/MEK/ERK/RhoE. L'activation de cette voie inhibe la formation des fibres de stress d'actine et des points focaux d'adhésion, ce qui augmente la migration et l'invasion cellulaire. Pour confirmer l'implication de la GTPase RhoE dans la voie métabolique contrôlée par CD70 et induisant l'invasion des cellules de mélanome, il faudrait inhiber RhoE avec des siRNA spécifiques et analyser l'impact sur la migration et les capacités métastatiques, mais aussi sur la formation des fibres de stress et des points focaux d'adhésion. Nous proposons un schéma pour décrire le rôle de CD70 dans la migration/invasion dans les mélanomes (Figure S1C).

Ainsi, de façon très surprenante nous avons mis en évidence que la voie BRAF/MEK/ERK d'une part est inhibée par la signalisation induite par CD70, et d'autre part régule positivement l'expression de CD70. L'utilisation d'inhibiteurs de la voie BRAF (siRNA et U0126) induit une diminution de l'expression de CD70, et aussi une réduction de la migration et donc des capacités métastatiques des mélanomes (Figure S1C).

Nous avons également étudié dans des modèles de glioblastomes humains, la corrélation éventuelle entre l'expression de CD70 et les capacités migratoires de ces cellules tumorales. Nous avons observé que, contrairement aux mélanomes, CD70 était exprimé par les lignées de glioblastomes décrites comme ayant le plus fort potentiel de migration (Demuth et al., 2008) et en particulier par la lignée U87. Dans ce modèle tumoral, l'inhibition de CD70 par la fixation de l'Ac QA32 paraît intéressante et prometteuse car elle limite fortement la migration tumorale.

Ainsi, nous avons mis en évidence des rôles opposés de CD70 dans les capacités migratoires et invasives dans les mélanomes et dans les glioblastomes. Toutefois, nous avons observé que la fixation de l'Ac QA32 induisait une diminution de la forme homotrimérique de CD70 dans les deux modèles, et induisait une plus forte activation de la voie BRAF/MEK/ERK. Ces résultats sont résumés dans le tableau suivant :

		LB1319-MEL mélanome	U87 glioblastome
	Expression CD70	+	+
Expression de CD70 Trimérique	Ig Ctrl	+	+
	Ac QA32	↘	↘
Activation voie BRAF/MEK/ERK	Ig Ctrl	+	+
	Ac QA32	↗	↗
Capacités migratoires et invasives	Ig Ctrl	-	+
	Ac QA32	↗	↘

Tableau S1 : Expression de CD70 et ses effets dans les lignées de mélanome et de glioblastome testées.

Il semble donc qu'un autre facteur, peut-être différent dans les mélanomes et les glioblastomes, permet d'augmenter ou de diminuer les capacités migratoires et invasives, à partir de l'activation de la voie BRAF/MEK/ERK. Pour vérifier que ce facteur intervient bien en aval de la voie BRAF, il faudra utiliser des inhibiteurs de la voie des MAPK, tels que des siRNA ou l'inhibiteur U0126, et étudier leurs effets sur la migration et l'invasion des glioblastomes. En fonction de ces résultats, il serait intéressant d'inclure des inhibiteurs de BRAF dans les thérapies cliniques du glioblastome ou au contraire de les éviter. De plus, nous devons analyser l'implication de la GTPase RhoE et du remodelage du cytosquelette, en particulier des fibres de stress d'actine et des points focaux d'adhésion, dans les processus de migration et d'invasion des glioblastomes.

Nos résultats n'ont pas permis d'expliquer complètement la régulation de l'expression de CD70 sur les mélanomes. En effet, nous avons montré que l'expression de CD70 sur les mélanomes est régulée au niveau transcriptionnel à la fois par la GTPase RhoA et par la voie BRAF/MEK/ERK, mais lorsque nous avons inhibé ces deux voies simultanément, nous avons observé que les cellules LB1319-MEL exprimaient toujours un peu de CD70 à leur membrane. Ainsi, la GTPase RhoA et l'activation de la voie BRAF/MEK/ERK ne sont pas suffisantes pour expliquer l'expression de CD70. D'autant plus qu'en comparant les voies des MAPK et RhoA entre les clones LB39-MEL CD70+ et CD70-, on constate que la voie des MAPK est autant activée dans les clones CD70+ que dans les clones CD70-, même si une faible proportion des clones LB39-MEL CD70- n'est pas mutée en BRAF V600E. De plus, l'expression et l'activation de RhoA est la même dans les deux lignées. Enfin, la surexpression de RhoA, suite à la transduction d'un adénovirus codant pour la protéine, n'entraîne pas l'expression de CD70 dans les clones LB39-MEL CD70-. Ainsi les voies BRAF et RhoA sont nécessaires pour avoir une bonne expression de CD70, mais ne sont pas suffisantes pour induire son expression. Ces résultats nous amènent à la conclusion qu'il existe un troisième partenaire qui permet l'expression de CD70. Malgré plusieurs essais, nous n'avons pas réussi à déterminer quel était ce troisième partenaire. Nous avons éliminé la participation de la voie AKT et du facteur de transcription NF-κB. Pour cela, nous avons testé l'implication de la voie AKT en utilisant des siRNA dirigés contre les trois protéines AKT1, 2 et 3, puis nous avons analysé l'expression de CD70 qui restait inchangée. Pour l'étude de l'implication du facteur de transcription NF-κB, nous avons utilisé un plasmide codant pour des protéines IκB, qui séquestrent NF-κB dans le cytosol. Cette analyse a montré que l'expression de CD70 n'est pas modifiée suite à l'inhibition de NF-κB.

Enfin, nous devrions poursuivre l'étude du rôle immunologique de CD70 dans les mélanomes. Même si nous n'avons pas montré que CD70 participait à l'activation du système immunitaire ou à l'échappement tumoral dans nos conditions expérimentales, il faut noter que lors des expériences *in vivo* d'induction de métastases pulmonaires, plus les souris sont immunodéprimées, plus le nombre de métastases augmente. Ceci confirme que le SI contrôle l'implantation métastatique pulmonaire. Mais comme les rapports entre le nombre de métastases pulmonaires induites par les cellules B16F10-wt versus les cellules B16F10-CD70 restent les mêmes (environ x7) dans les souris immunocompétentes et dans les souris immunodéprimées, nous n'avons pas mis en évidence un rôle immunologique de la molécule CD70.

Lors de nos expériences de coculture de mélanome avec des PBL réalisées dans le but de déterminer si CD70 a un rôle immunologique dans les mélanomes, nous nous sommes placés en condition de complète allogénicité, car nous n'avions pas analysé le statut HLA des PLB mis en coculture avec les cellules de mélanome LB1319-MEL CD70+ ou CD70-. De ce fait, les réponses induites par CD70 pourraient être masquées par les fortes réponses allogéniques. Pour poursuivre ce volet immun, il faudrait utiliser des cellules de mélanomes et des PBL du même patient, dont nous ne disposons pas actuellement.

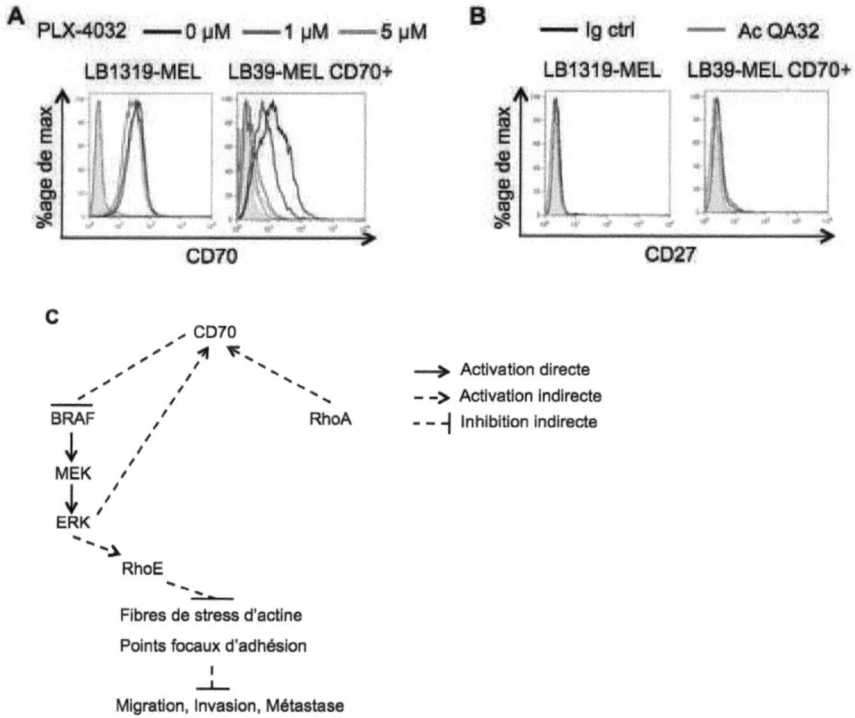

Figure S1 : Schéma proposé pour décrire le rôle joué par CD70 dans les mélanomes pour contrôler la migration/invasion.
(A) L'inhibiteur PLX-4032 réduit fortement l'expression de CD70 sur les clones LB39-MEL CD70+ (mutée BRAF V600E), et faiblement celle sur la lignée LB1319-MEL (non mutée BRAF V600E). (B) La fixation de l'Ac QA32 n'entraine pas l'expression de CD27 sur les cellules LB1319-MEL et LB39-MEL CD70+. (C) Schéma récapitulatif de la régulation de CD70 et de sa signalisation liée à la migration/invasion des mélanomes.

III. Rôles des GTPases Rho dans la mise en place de la réponse immune innée anti-mélanome

Après avoir montré l'intérêt potentiel de l'inhibition des GTPases Rho dans la mise en place de la réponse immune adaptative, nous nous sommes intéressés à leur possible implication dans l'immunité innée. Nous avons étudié leur rôle dans l'expression du ligand activateur MICA.

MICA est exprimé sur les cellules tumorales, et en particulier sur les mélanomes, et sa forme membranaire participe à l'activation des cellules NK et à la costimulation des LT (Cerwenka and Lanier, 2003; Lanier, 2008). Par contre, sa forme soluble, clivée par des MMP, comme ADAM-10 et MMP14, participe à l'échappement tumoral (Liu et al., 2010; Waldhauer et al., 2008). En effet, l'interaction entre MICA soluble et le récepteur NKG2D entraîne l'internalisation du récepteur qui sera dégradé. Ainsi, les cellules NK et LT qui arrivent au site tumoral expriment moins de NKG2D, ce qui diminue leur reconnaissance et leur lyse des tumeurs (Paschen et al., 2009).

Nous avons analysé l'expression de MICA sur les neuf lignées de mélanomes métastatiques que nous possédons : trois lignées expriment fortement MICA (LB1319-MEL, BB74-MEL et LB39-MEL), et une sous-population de la lignée MZ2-MEL.3.0, représentant 40% des cellules, l'expriment. Nous avons commencé l'étude de la régulation de MICA en traitant les cellules avec une statine synthétique, l'atorvastatine. Nous avions précédemment montré que cette statine pouvait induire sur des cellules de mélanome l'expression de ligands du SI adaptatif, comme les molécules de costimulation et le CMH-I, nous avons alors émis l'hypothèse qu'elle pourrait inhiber des protéines régulant l'expression d'autres ligands, tels que MICA. Nous nous sommes focalisés sur l'étude de MICA dans les trois lignées qui l'expriment fortement et nous avons observé que ces traitements induisaient des modifications du niveau d'expression de MICA. Mais selon la lignée, le traitement par l'atorvastatine entraînait l'augmentation ou la diminution de l'expression membranaire de MICA. Ainsi, sur les lignées LB1319-MEL et BB74-MEL, MICA augmente, alors que sur la lignée LB39-MEL, MICA diminue. Nous avons ensuite voulu savoir à quel niveau de la régulation de l'expression de MICA intervient l'atorvastatine. En effet, dans la littérature, il est décrit que MICA peut être régulé au niveau transcriptionnel (Schwinn et al., 2009; Zhang et al., 2008) mais également au niveau post-traductionnel par l'inhibition de sa traduction par des miRNA (Yadav et al., 2009), par sa rétention dans le réticulum endoplasmique (Fuertes et al., 2008) ou encore son clivage en membrane par des MMP (Salih et al., 2002). Toutes ses régulations peuvent modifier l'expression membranaire de MICA. Nous avons commencé par l'étude du clivage de MICA en analysant la quantité de MICA clivée dans les surnageants de culture. Le traitement à l'atorvastatine n'induit pas d'augmentation significative du clivage de MICA et ne favorise donc pas l'échappement tumoral. Nous avons ensuite analysé l'expression totale de MICA par immunoempreinte. Pour les lignées BB74-MEL et LB39-MEL, son expression totale n'est pas modifiée par le traitement. Les résultats obtenus sur le clivage de MICA et les immunoempreintes impliquent que l'inhibition par l'atorvastatine augmente le transport de MICA à la membrane des cellules. Par contre, pour la lignée LB1319-MEL, nous avons observé une augmentation des protéines totales suite au traitement par l'atorvastatine. Cette augmentation pourrait être la conséquence d'une augmentation de la traduction ou de la transcription de MICA, ou de la stabilité des protéines ou des ARNm. Nous nous sommes intéressés à la quantité d'ARNm de MICA présente dans les cellules LB1319-MEL suite au traitement par l'atorvastatine, mais nos résultats ne sont pas concluants. En effet, nous avons observé une tendance à l'augmentation de la quantité d'ARNm de MICA, mais les résultats varient beaucoup d'une expérience à une autre et nous n'avons pas réussi à avoir assez de résultats pour obtenir une valeur statistiquement valable (Figue S2A). Dans la lignée LB1319-MEL, l'augmentation membranaire de MICA, suite au traitement par l'atorvastatine, pourrait être liée à une augmentation de la transcription de la quantité d'ARNm ou par stabilisation des ARNm. Pour trancher, il faudra utiliser des inhibiteurs de la transcription, tel que l'actinomycine D, combinés au traitement par l'atorvastatine et mesurer la stabilité de l'ARNm par RT-qPCR. On pourrait également utiliser un plasmide rapporteur de l'activité du promoteur de MICA, après l'avoir cloné à partir des cellules LB1319-MEL. L'augmentation de l'expression membranaire de MICA sur les cellules LB1319-MEL a pu être obtenue aussi en utilisant dans les mêmes conditions expérimentales, une autre statine : la lovastatine. Ceci confirme la capacité des statines à moduler l'expression membranaire de MICA sur les cellules de mélanome.

Nous avons ensuite voulu déterminer pour la lignée LB1319-MEL quelle était la voie de signalisation impliquée dans la régulation de l'expression de MICA. Nous avions précédemment montré que dans les cellules LB1319-MEL, la régulation de l'expression des molécules de CMH-I et CD86 par les statines se faisait via les GTPases Rho. Nous avons donc commencé par l'étude de l'expression membranaire de MICA suite au traitement par des inhibiteurs de ces GTPases, comme la Tat-C3 exoenzyme qui inhibe spécifiquement RhoA, B et C. De façon inattendue, nous avons observé non pas une augmentation mais une diminution de l'expression de MICA. Nous avons confirmé ce résultat en utilisant des siRNA spécifiques de RhoA, RhoB et RhoC. Les résultats obtenus avec ces siRNA montrent que la GTPase RhoA ne régule pas l'expression de MICA, par contre, RhoB et RhoC en sont des régulateurs positifs. Ces résultats sont d'autant plus intéressants qu'il a été montré dans plusieurs tumeurs (Adnane et al., 2002; Forget et al., 2002; Mazieres et al., 2004; Pan et al., 2004), dont les mélanomes (données non publiées du labo), que l'expression de RhoB est diminuée au cours de la progression tumorale. La diminution de RhoB, corrélée à celle de MICA pourrait être un mécanisme de défense des cellules tumorales pour limiter leur reconnaissance par les effecteurs du SI et échapper au rejet.

Nous avons ensuite étudié le rôle de Rac1 et Cdc42, d'autres GTPases de la famille Rho. Leur inhibition par des siRNA indique que Rac1 est aussi un régulateur positif de MICA. Nous avons alors étudié l'implication, dans l'expression de MICA, d'autres GTPases dont l'activité est également bloquée par les statines : les protéines Ras. Nous avons utilisé leur inhibiteur spécifique, le FTS. Il induit aussi une diminution de MICA. L'ensemble des résultats montre que dans la lignée LB1319-MEL, les GTPases Ras, Rac1, RhoB et RhoC sont toutes des régulateurs positifs de l'expression membranaire de MICA. Nous allons poursuivre notre étude et déterminer quelle voie métabolique inhibée par les statines régule négativement l'expression de MICA. Pour cela, nous allons étudier la voie de production des espèces réactives oxygénées (ROS), car les statines sont connues pour réguler l'activité de la NO synthétase qui inhibe les ROS (Balakumar et al., 2012). Nous étudierons aussi la voie des PPARs dont l'activité est augmentée par les statines (Balakumar and Mahadevan, 2012).

Par la suite, nous avons voulu déterminer si les augmentations et les diminutions de l'expression membranaire de MICA sur les cellules de mélanome avaient un impact fonctionnel. Nous avons utilisé des cellules NK murines isolées à partir de rates de souris C57BL/6, ou le clone tumoral de NK humain en culture (NK92). L'utilisation de ces deux types d'effecteurs NK est possible car MICA est un ligand reconnu par les récepteurs NKG2D humains et murins et il active les cellules NK dans les deux modèles (Cerwenka and Lanier, 2001; Fuertes et al., 2008). Nous avons tout d'abord contrôlé que nos traitements des cellules à l'atorvastatine n'étaient pas toxiques par eux-mêmes. Puis après cocultures entre les cellules NK et les cellules de mélanomes prétraitées ou non, nous avons montré que lorsque MICA est surexprimée, les cellules de mélanome sont plus sensibles à la lyse par les cellules NK. A l'inverse, la diminution membranaire de MICA les rend moins sensibles. Nous avons poursuivi par l'étude de l'effet du prétraitement *in vitro* des cellules LB1319-MEL par l'atorvastatine sur la croissance tumorale et le processus métastatique *in vivo* dans des souris Nude. Les résultats montrent que ces traitements induisent un ralentissement significatif de la croissance tumorale sous-cutanée. De plus, sur les six souris injectées avec les cellules LB1319-MEL prétraitées par l'atorvastatine, un début de croissance tumorale puis un rejet de la tumeur est observé chez deux souris. Ces résultats suggèrent que les cellules NK des souris Nude parviennent mieux à contrôler la croissance des mélanomes lorsque ceux-ci surexpriment MICA suite au traitement par l'atorvastatine. Nous avons également injecté des cellules LB1319-MEL prétraitées ou non dans la veine caudale des souris, et analysé le développement de métastases dans les poumons. Les cellules NK sont connues pour contrôler activement les étapes de la métastase (Mehlen and Puisieux, 2006). Le traitement par l'atorvastatine des cellules de mélanome réduit leur capacité à induire des métastases pulmonaires. Ces résultats suggèrent que la réduction du nombre de métastases est liée à la surexpression membranaire de MICA qui favorise l'élimination des cellules tumorales par les cellules NK. L'injection dans la veine caudale ne permet de mimer que les dernières étapes de la métastase : la survie des cellules tumorales dans la circulation sanguine, l'extravasation et la colonisation d'un organe à distance. Pour étudier l'effet des traitements par des statines sur les autres étapes de la métastase, nous pourrions réaliser des injections intra-auriculaires des cellules de mélanome. Avec cette technique, les cellules tumorales se développent d'abord sur le site de l'injection, puis elles métastasent vers les ganglions drainants. Nous avons mis au point cette technique avec les cellules de mélanome des lignées B16 (Nicolson et al., 1978). Nous disposons de trois lignées : les cellules B16F0 qui sont issues d'un mélanome spontané primaire apparu dans une souris C57BL/6, les cellules B16F1 qui proviennent de cellules qui ont colonisé les poumons, après une injection des cellules B16F0 dans la veine caudale de souris C57BL/6 et enfin les cellules B16F10 qui sont issues de colonisations des poumons (comme pour B16F1) mais après 10 cycles d'injection/colonisation. Ces cellules B16F0, B16F1 et B16F10 présentent des potentiels métastatiques croissants. Au cours d'expériences *in vivo* les cellules B16F0, injectées en intra-auriculaire, ne métastasent presque pas, alors que les cellules B16F10 métastasent et envahissent un ou plusieurs ganglions drainants. Les cellules B16F1 ont un comportement intermédiaire entre les B16F0 et les B16F10 (Figure S2B).

Nous avons montré que le traitement par des statines pouvait réguler l'expression de MICA et ainsi jouer un rôle dans la reconnaissance des mélanomes par le SI. Les résultats suggèrent que les statines pourraient ralentir la croissance tumorale et l'implantation des métastases en induisant la surexpression de MICA. De plus, Kidera *et al.* (Kidera et al., 2010) ont montré que le traitement par les statines diminuait l'invasion via l'inhibition des MMP1, 2, 9 et 14 et des intégrines $\alpha 2$, $\alpha 4$ et $\alpha 5$. Ainsi les statines, par leurs effets combinés sur l'invasion et l'expression de ligands du SI, participent à l'immunosurveillance des tumeurs. Toutefois, il est à noter que dans certaines lignées de mélanome, le traitement par les statines peut induire une diminution de MICA et donc une diminution de la lyse par les cellules NK. Il faudrait donc tenir compte de la variabilité des mélanomes de chaque patient dans d'éventuels protocoles de traitement ou de stabilisation des tumeurs par les statines.

Pour finir, il sera intéressant de déterminer s'il y existe une corrélation entre l'expression de MICA et l'évolution des mélanomes. Ceci sera fait en collaboration avec le Dr. P. Rochaix du service d'anatomo-pathologie de l'ICR, sur des lames de mélanome de patients ayant été suivis à l'Institut. Les dossiers des malades pourraient probablement nous révéler aussi si les patients ont consommé des statines pour leurs propriétés hypocholestérolémiantes.

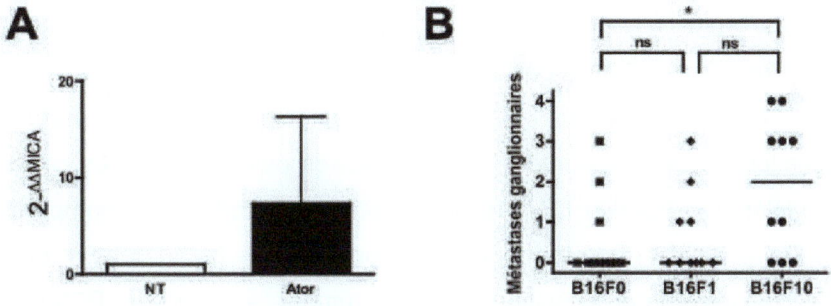

Figure S2 : Compléments de la conclusion sur les rôles des GTPases Rho dans la mise en place de la réponse innée.
(A) Mesure de l'ARNm de MICA dans les cellules LB1319-MEL traitées ou non à l'atorvastatine à 5 µM pendant 48h. Les résultats sont normalisés par le gène de référence GAPDH. (B) Induction de métastases ganglionnaires dans des souris C57BL/6 après injections intra-auriculaires des cellules B16F0, B16F1 et B16F10. Les mélanomes B16 sont noirs, donc les ganglions métastasés sont noirs et facilement détectables. Nous avons déterminé l'atteinte des ganglions drainants et représenté les résultats par : 0, pas de métastase visible ; 1, une petite métastase visible ; 2, deux petites métastases visibles ; 3, un ganglion complètement envahi ; 4, au moins deux ganglions envahis.

Conclusion générale

L'ensemble de mes travaux montrent que les inhibiteurs de la voie du mévalonate, tels que les statines et les inhibiteurs de l'isoprénylation des GTPases Rho, pourraient être intéressants dans la mise en place de RI innée et adaptative protectrices dans des protocoles d'immunothérapie du mélanome.

En effet, un traitement combinant l'IFNγ et des inhibiteurs des GTPases Rho permet d'augmenter l'immunogénicité des tumeurs, grâce à la surexpression des molécules de CMH-I et de costimulation CD80 et CD86 sur les lignées de mélanome humain LB1319-MEL et murin B16F10. Les cellules B16F10 traitées et irradiées permettent une protection des souris C57BL/6 injectées avec des cellules B16F10 non traitées, suite à l'induction d'une RI adaptative mémoire. Cette RI mémoire entraîne d'une part un ralentissement, et chez 60% des souris une inhibition totale de la croissance tumorale, et d'autre part une réduction du développement des métastases pulmonaires. Les cellules de mélanome humain LB1319-MEL traitées et irradiées se comportent comme des CPA et permettent l'obtention d'un plus grand nombre de LT CD8+ cytotoxiques spécifiques de la tumeur à partir de PBMC de donneurs sains.

Ensuite, nous avons décrit pour la première fois l'expression de la molécule de costimulation CD70 sur des mélanomes humains. L'expression de CD70 est régulée positivement et de façon transcriptionnelle par la GTPase RhoA et la voie BRAF/MEK/ERK. CD70 est exprimé sur les cellules de mélanome ayant de faibles capacités métastatiques. Sa détection est intéressante à cause de son rôle non-immunologique dans le contrôle de la voie BRAF/MEK/ERK/RhoE et la régulation du cytosquelette cellulaire.

Enfin, nous avons montré que les statines pourraient devenir des agents pharmacologiques intéressants dans la thérapie du mélanome, par leur implication dans la régulation de l'expression du ligand activateur MICA reconnu par les cellules NK. Cette régulation ne passe ni par les GTPases Ras ni par les GTPases de la famille Rho. L'utilisation des statines dans le traitement du mélanome serait intéressant dans les mélanomes qui surexpriment MICA en membrane, après traitement par les statines, ce qui induit une lyse plus importante des cellules tumorales par les cellules NK.

Références bibliographiques

Abraham, M.T., M.A. Kuriakose, P.G. Sacks, H. Yee, L. Chiriboga, E.L. Bearer, and M.D. Delacure. 2001. Motility-related proteins as markers for head and neck squamous cell cancer. *Laryngoscope.* 111:1285-9.

Achour, A., J. Michaelsson, R.A. Harris, H.G. Ljunggren, K. Karre, G. Schneider, and T. Sandalova. 2006. Structural basis of the differential stability and receptor specificity of H-2Db in complex with murine versus human beta2-microglobulin. *J Mol Biol.* 356:382-96.

Adamson, P., C.J. Marshall, A. Hall, and P.A. Tilbrook. 1992. Post-translational modifications of p21rho proteins. *J Biol Chem.* 267:20033-8.

Adnane, J., C. Muro-Cacho, L. Mathews, S.M. Sebti, and T. Munoz-Antonia. 2002. Suppression of rho B expression in invasive carcinoma from head and neck cancer patients. *Clin Cancer Res.* 8:2225-32.

Adra, C.N., D. Manor, J.L. Ko, S. Zhu, T. Horiuchi, L. Van Aelst, R.A. Cerione, and B. Lim. 1997. RhoGDIgamma: a GDP-dissociation inhibitor for Rho proteins with preferential expression in brain and pancreas. *Proc Natl Acad Sci U S A.* 94:4279-84.

Agiostratidou, G., J. Hulit, G.R. Phillips, and R.B. Hazan. 2007. Differential cadherin expression: potential markers for epithelial to mesenchymal transformation during tumor progression. *J Mammary Gland Biol Neoplasia.* 12:127-33.

Aguirre-Ghiso, J.A. 2007. Models, mechanisms and clinical evidence for cancer dormancy. *Nat Rev Cancer.* 7:834-46.

Alberts, A.S., and R. Treisman. 1998. Activation of RhoA and SAPK/JNK signalling pathways by the RhoA-specific exchange factor mNET1. *EMBO J.* 17:4075-85.

Allal, C., G. Favre, B. Couderc, S. Salicio, S. Sixou, A.D. Hamilton, S.M. Sebti, I. Lajoie-Mazenc, and A. Pradines. 2000. RhoA prenylation is required for promotion of cell growth and transformation and cytoskeleton organization but not for induction of serum response element transcription. *J Biol Chem.* 275:31001-8.

Allal, C., A. Pradines, A.D. Hamilton, S.M. Sebti, and G. Favre. 2002. Farnesylated RhoB prevents cell cycle arrest and actin cytoskeleton disruption caused by the geranylgeranyltransferase I inhibitor GGTI-298. *Cell Cycle.* 1:430-7.

Arens, R., K. Tesselaar, P.A. Baars, G.M. van Schijndel, J. Hendriks, S.T. Pals, P. Krimpenfort, J. Borst, M.H. van Oers, and R.A. van Lier. 2001. Constitutive CD27/CD70 interaction induces expansion of effector-type T cells and results in IFNgamma-mediated B cell depletion. *Immunity.* 15:801-12.

Artym, V.V., K. Matsumoto, S.C. Mueller, and K.M. Yamada. 2010. Dynamic membrane remodeling at invadopodia differentiates invadopodia from podosomes. *Eur J Cell Biol.* 90:172-80.

Ashton-Beaucage, D., and M. Therrien. 2010. [The greater RTK/RAS/ERK signalling pathway: how genetics has helped piece together a signalling network]. *Med Sci (Paris).* 26:1067-73.

Aulwurm, S., J. Wischhusen, M. Friese, J. Borst, and M. Weller. 2006. Immune stimulatory effects of CD70 override CD70-mediated immune cell apoptosis in rodent glioma models and confer long-lasting antiglioma immunity in vivo. *Int J Cancer.* 118:1728-35.

Awasthi, A., and V.K. Kuchroo. 2009. Th17 cells: from precursors to players in inflammation and infection. *Int Immunol.* 21:489-98.

Balakumar, P., S. Kathuria, G. Taneja, S. Kalra, and N. Mahadevan. 2012. Is targeting eNOS a key mechanistic insight of cardiovascular defensive potentials of statins? *J Mol Cell Cardiol.* 52:83-92.

Balakumar, P., and N. Mahadevan. 2012. Interplay between statins and PPARs in improving cardiovascular outcomes: a double-edged sword? *Br J Pharmacol.* 165:373-9.

Balkwill, F., and A. Mantovani. 2001. Inflammation and cancer: back to Virchow? *Lancet.* 357:539-45.
Banchereau, J., and R.M. Steinman. 1998. Dendritic cells and the control of immunity. *Nature.* 392:245-52.
Barreira da Silva, R., and C. Munz. 2011. Natural killer cell activation by dendritic cells: balancing inhibitory and activating signals. *Cell Mol Life Sci.* 68:3505-18.
Baumgartner, C.K., and L.P. Malherbe. 2011. Antigen-driven T-cell repertoire selection during adaptive immune responses. *Immunol Cell Biol.* 89:54-9.
Becker, J.C., R. Houben, D. Schrama, H. Voigt, S. Ugurel, and R.A. Reisfeld. 2010. Mouse models for melanoma: a personal perspective. *Exp Dermatol.* 19:157-64.
Beetz, S., D. Wesch, L. Marischen, S. Welte, H.H. Oberg, and D. Kabelitz. 2008. Innate immune functions of human gammadelta T cells. *Immunobiology.* 213:173-82.
Bektic, J., K. Pfeil, A.P. Berger, R. Ramoner, A. Pelzer, G. Schafer, K. Kofler, G. Bartsch, and H. Klocker. 2005. Small G-protein RhoE is underexpressed in prostate cancer and induces cell cycle arrest and apoptosis. *Prostate.* 64:332-40.
Belot, A., P. Grosclaude, N. Bossard, E. Jougla, E. Benhamou, P. Delafosse, A.V. Guizard, F. Molinie, A. Danzon, S. Bara, A.M. Bouvier, B. Tretarre, F. Binder-Foucard, M. Colonna, L. Daubisse, G. Hedelin, G. Launoy, N. Le Stang, M. Maynadie, A. Monnereau, X. Troussard, J. Faivre, A. Collignon, I. Janoray, P. Arveux, A. Buemi, N. Raverdy, C. Schvartz, M. Bovet, L. Cherie-Challine, J. Esteve, L. Remontet, and M. Velten. 2008. Cancer incidence and mortality in France over the period 1980-2005. *Rev Epidemiol Sante Publique.* 56:159-75.
Bennani-Lahlou, M., C. Mateus, B. Escudier, C. Massard, J.C. Soria, A. Spatz, and C. Robert. 2008. [Eruptive nevi associated with sorafenib treatment]. *Ann Dermatol Venereol.* 135:672-4.
Bennett, D.C. 2008. How to make a melanoma: what do we know of the primary clonal events? *Pigment Cell Melanoma Res.* 21:27-38.
Benvenuti, F., S. Hugues, M. Walmsley, S. Ruf, L. Fetler, M. Popoff, V.L. Tybulewicz, and S. Amigorena. 2004. Requirement of Rac1 and Rac2 expression by mature dendritic cells for T cell priming. *Science.* 305:1150-3.
Berger, A. 2000. Th1 and Th2 responses: what are they? *BMJ.* 321:424.
Berman, D., S.M. Parker, J. Siegel, S.D. Chasalow, J. Weber, S. Galbraith, S.R. Targan, and H.L. Wang. 2010. Blockade of cytotoxic T-lymphocyte antigen-4 by ipilimumab results in dysregulation of gastrointestinal immunity in patients with advanced melanoma. *Cancer Immun.* 10:11.
Besser, M.J., R. Shapira-Frommer, A.J. Treves, D. Zippel, O. Itzhaki, L. Hershkovitz, D. Levy, A. Kubi, E. Hovav, N. Chermoshniuk, B. Shalmon, I. Hardan, R. Catane, G. Markel, S. Apter, A. Ben-Nun, I. Kuchuk, A. Shimoni, A. Nagler, and J. Schachter. 2010. Clinical responses in a phase II study using adoptive transfer of short-term cultured tumor infiltration lymphocytes in metastatic melanoma patients. *Clin Cancer Res.* 16:2646-55.
Bharate, S.B., B. Singh, and R.A. Vishwakarma. 2012. Modulation of k-Ras Signaling by Natural Products. *Curr Med Chem.*
Biname, F., G. Pawlak, P. Roux, and U. Hibner. 2010. What makes cells move: requirements and obstacles for spontaneous cell motility. *Mol Biosyst.* 6:648-61.
Bindea, G., B. Mlecnik, W.H. Fridman, F. Pages, and J. Galon. 2010. Natural immunity to cancer in humans. *Curr Opin Immunol.* 22:215-22.
Bjorklund, M., and E. Koivunen. 2005. Gelatinase-mediated migration and invasion of cancer cells. *Biochim Biophys Acta.* 1755:37-69.
Bjorkman, P.J., M.A. Saper, B. Samraoui, W.S. Bennett, J.L. Strominger, and D.C. Wiley. 1987. Structure of the human class I histocompatibility antigen, HLA-A2. *Nature.* 329:506-12.
Blanco-Colio, L.M., J.L. Martin-Ventura, E. de Teresa, C. Farsang, A. Gaw, G. Gensini, L.A. Leiter, A. Langer, P. Martineau, G. Hernandez, and J. Egido. 2007. Increased soluble Fas plasma levels in subjects at high cardiovascular risk: Atorvastatin on Inflammatory Markers (AIM) study, a substudy of ACTFAST. *Arterioscler Thromb Vasc Biol.* 27:168-74.

Blouw, B., D.F. Seals, I. Pass, B. Diaz, and S.A. Courtneidge. 2008. A role for the podosome/invadopodia scaffold protein Tks5 in tumor growth in vivo. *Eur J Cell Biol*. 87:555-67.

Boerner, J.L., A. Danielsen, M.J. McManus, and N.J. Maihle. 2001. Activation of Rho is required for ligand-independent oncogenic signaling by a mutant epidermal growth factor receptor. *J Biol Chem*. 276:3691-5.

Bonovas, S., K. Filioussi, and N.M. Sitaras. 2008. Statin use and the risk of prostate cancer: A metaanalysis of 6 randomized clinical trials and 13 observational studies. *Int J Cancer*. 123:899-904.

Bosch, J.J., J.A. Thompson, M.K. Srivastava, U.K. Iheagwara, T.G. Murray, M. Lotem, B.R. Ksander, and S. Ostrand-Rosenberg. 2007. MHC class II-transduced tumor cells originating in the immune-privileged eye prime and boost CD4(+) T lymphocytes that cross-react with primary and metastatic uveal melanoma cells. *Cancer Res*. 67:4499-506.

Boudreau, D.M., O. Yu, and J. Johnson. 2010. Statin use and cancer risk: a comprehensive review. *Expert Opin Drug Saf*. 9:603-21.

Brasseur, F. 2002. Melanoma: Brussels Melanoma Cell Lines. *Human Cell Culture*. 1:275-282.

Breslow, A. 1970. Thickness, cross-sectional areas and depth of invasion in the prognosis of cutaneous melanoma. *Ann Surg*. 172:902-8.

Brooke, M.A., D. Nitoiu, and D.P. Kelsell. 2012. Cell-cell connectivity: desmosomes and disease. *J Pathol*. 226:158-71.

Brown, J., H. Wang, G.N. Hajishengallis, and M. Martin. 2011. TLR-signaling networks: an integration of adaptor molecules, kinases, and cross-talk. *J Dent Res*. 90:417-27.

Brugnera, E., L. Haney, C. Grimsley, M. Lu, S.F. Walk, A.C. Tosello-Trampont, I.G. Macara, H. Madhani, G.R. Fink, and K.S. Ravichandran. 2002. Unconventional Rac-GEF activity is mediated through the Dock180-ELMO complex. *Nat Cell Biol*. 4:574-82.

Brunton, V.G., and M.C. Frame. 2008. Src and focal adhesion kinase as therapeutic targets in cancer. *Curr Opin Pharmacol*. 8:427-32.

Bryceson, Y.T., M.E. March, H.G. Ljunggren, and E.O. Long. 2006. Activation, coactivation, and costimulation of resting human natural killer cells. *Immunol Rev*. 214:73-91.

Buccione, R., G. Caldieri, and I. Ayala. 2009. Invadopodia: specialized tumor cell structures for the focal degradation of the extracellular matrix. *Cancer Metastasis Rev*. 28:137-49.

Burnet, M. 1972. Immunology as scholarly discipline. *Perspect Biol Med*. 16:1-10.

Bustelo, X.R., V. Sauzeau, and I.M. Berenjeno. 2007. GTP-binding proteins of the Rho/Rac family: regulation, effectors and functions in vivo. *Bioessays*. 29:356-70.

Byrne, K.T., and M.J. Turk. 2011. New perspectives on the role of vitiligo in immune responses to melanoma. *Oncotarget*. 2:684-94.

Cantrell, D., J. Bluestone, E. Vivier, and V. Tybulewicz. 1998. Signalling through the TCR. *Res Immunol*. 149:866-7.

Carter, C.A., R.J. Kelly, and G. Giaccone. 2009. Small-molecule inhibitors of the human epidermal receptor family. *Expert Opin Investig Drugs*. 18:1829-42.

Cavallaro, U., and G. Christofori. 2004. Cell adhesion and signalling by cadherins and Ig-CAMs in cancer. *Nat Rev Cancer*. 4:118-32.

Cerwenka, A., and L.L. Lanier. 2001. Ligands for natural killer cell receptors: redundancy or specificity. *Immunol Rev*. 181:158-69.

Cerwenka, A., and L.L. Lanier. 2003. NKG2D ligands: unconventional MHC class I-like molecules exploited by viruses and cancer. *Tissue Antigens*. 61:335-43.

Chardin, P. 2006. Function and regulation of Rnd proteins. *Nat Rev Mol Cell Biol*. 7:54-62.

Chen, Y., S.M. Lin, H.S. Lai, S.H. Tseng, and W.J. Chen. 2002. Effects of irradiated tumor vaccine and continuous localized infusion of granulocyte-macrophage colony-stimulating factor on neuroblastomas in mice. *J Pediatr Surg*. 37:1298-304.

Cheng, C.W., J.C. Yu, H.W. Wang, C.S. Huang, J.C. Shieh, Y.P. Fu, C.W. Chang, P.E. Wu, and C.Y. Shen. 2010. The clinical implications of MMP-11 and CK-20 expression in human breast cancer. *Clin Chim Acta*. 411:234-41.

Ching, Y.P., C.M. Wong, S.F. Chan, T.H. Leung, D.C. Ng, D.Y. Jin, and I.O. Ng. 2003. Deleted in liver cancer (DLC) 2 encodes a RhoGAP protein with growth suppressor function and is underexpressed in hepatocellular carcinoma. *J Biol Chem*. 278:10824-30.

Choi, J.N., A. Hanlon, and D. Leffell. 2011. Melanoma and nevi: detection and diagnosis. *Curr Probl Cancer*. 35:138-61.

Choy, M.K., and M.E. Phipps. 2010. MICA polymorphism: biology and importance in immunity and disease. *Trends Mol Med*. 16:97-106.

Christofori, G. 2006. New signals from the invasive front. *Nature*. 441:444-50.

Clark, E.A., T.R. Golub, E.S. Lander, and R.O. Hynes. 2000. Genomic analysis of metastasis reveals an essential role for RhoC. *Nature*. 406:532-5.

Clark, W.H., Jr., D.E. Elder, D.t. Guerry, L.E. Braitman, B.J. Trock, D. Schultz, M. Synnestvedt, and A.C. Halpern. 1989. Model predicting survival in stage I melanoma based on tumor progression. *J Natl Cancer Inst*. 81:1893-904.

Clemente, C.G., M.C. Mihm, Jr., R. Bufalino, S. Zurrida, P. Collini, and N. Cascinelli. 1996. Prognostic value of tumor infiltrating lymphocytes in the vertical growth phase of primary cutaneous melanoma. *Cancer*. 77:1303-10.

Cleverley, S., S. Henning, and D. Cantrell. 1999. Inhibition of Rho at different stages of thymocyte development gives different perspectives on Rho function. *Curr Biol*. 9:657-60.

Coley, W.B. 1991. The treatment of malignant tumors by repeated inoculations of erysipelas. With a report of ten original cases. 1893. *Clin Orthop Relat Res*:3-11.

Cormary, C., R. Gonzalez, J.C. Faye, G. Favre, and A.F. Tilkin-Mariame. 2004. Induction of T-cell antitumor immunity and protection against tumor growth by secretion of soluble human CD70 molecules. *Cancer Gene Ther*. 11:497-507.

Cormary, C., E. Hiver, B. Mariame, G. Favre, and A.F. Tilkin-Mariame. 2005. Coexpression of CD40L and CD70 by semiallogenic tumor cells induces anti-tumor immunity. *Cancer Gene Ther*. 12:963-72.

Corominas, M., S.R. Sloan, J. Leon, H. Kamino, E.W. Newcomb, and A. Pellicer. 1991. ras activation in human tumors and in animal model systems. *Environ Health Perspect*. 93:19-25.

Cullen, S.P., M. Brunet, and S.J. Martin. 2010. Granzymes in cancer and immunity. *Cell Death Differ*. 17:616-23.

Dahl, C., and P. Guldberg. 2007. The genome and epigenome of malignant melanoma. *APMIS*. 115:1161-76.

Daubon, T., J. Chasseriau, A. El Ali, J. Rivet, A. Kitzis, B. Constantin, and N. Bourmeyster. 2008. Differential motility of p190bcr-abl- and p210bcr-abl-expressing cells: respective roles of Vav and Bcr-Abl GEFs. *Oncogene*. 27:2673-85.

Davidson, W.F., T. Giese, and T.N. Fredrickson. 1998. Spontaneous development of plasmacytoid tumors in mice with defective Fas-Fas ligand interactions. *J Exp Med*. 187:1825-38.

Davies, H., G.R. Bignell, C. Cox, P. Stephens, S. Edkins, S. Clegg, J. Teague, H. Woffendin, M.J. Garnett, W. Bottomley, N. Davis, E. Dicks, R. Ewing, Y. Floyd, K. Gray, S. Hall, R. Hawes, J. Hughes, V. Kosmidou, A. Menzies, C. Mould, A. Parker, C. Stevens, S. Watt, S. Hooper, R. Wilson, H. Jayatilake, B.A. Gusterson, C. Cooper, J. Shipley, D. Hargrave, K. Pritchard-Jones, N. Maitland, G. Chenevix-Trench, G.J. Riggins, D.D. Bigner, G. Palmieri, A. Cossu, A. Flanagan, A. Nicholson, J.W. Ho, S.Y. Leung, S.T. Yuen, B.L. Weber, H.F. Seigler, T.L. Darrow, H. Paterson, R. Marais, C.J. Marshall, R. Wooster, M.R. Stratton, and P.A. Futreal. 2002. Mutations of the BRAF gene in human cancer. *Nature*. 417:949-54.

de la Vega, M., J.F. Burrows, and J.A. Johnston. 2011. Ubiquitination: Added complexity in Ras and Rho family GTPase function. *Small Gtpases*. 2:192-201.

Demierre, M.F., P.D. Higgins, S.B. Gruber, E. Hawk, and S.M. Lippman. 2005. Statins and cancer prevention. *Nat Rev Cancer.* 5:930-42.

Demuth, T., J.L. Rennert, D.B. Hoelzinger, L.B. Reavie, M. Nakada, C. Beaudry, S. Nakada, E.M. Anderson, A.N. Henrichs, W.S. McDonough, D. Holz, A. Joy, R. Lin, K.H. Pan, C.J. Lih, S.N. Cohen, and M.E. Berens. 2008. Glioma cells on the run - the migratory transcriptome of 10 human glioma cell lines. *BMC Genomics.* 9:54.

Deng, L., G. Li, R. Li, Q. Liu, Q. He, and J. Zhang. 2010. Rho-kinase inhibitor, fasudil, suppresses glioblastoma cell line progression in vitro and in vivo. *Cancer Biol Ther.* 9:875-84.

Denoeud, J., and M. Moser. 2011. Role of CD27/CD70 pathway of activation in immunity and tolerance. *J Leukoc Biol.* 89:195-203.

Diefenbach, A., A.M. Jamieson, S.D. Liu, N. Shastri, and D.H. Raulet. 2000. Ligands for the murine NKG2D receptor: expression by tumor cells and activation of NK cells and macrophages. *Nat Immunol.* 1:119-26.

Diefenbach, A., E.R. Jensen, A.M. Jamieson, and D.H. Raulet. 2001. Rae1 and H60 ligands of the NKG2D receptor stimulate tumour immunity. *Nature.* 413:165-71.

Diefenbach, A., E. Tomasello, M. Lucas, A.M. Jamieson, J.K. Hsia, E. Vivier, and D.H. Raulet. 2002. Selective associations with signaling proteins determine stimulatory versus costimulatory activity of NKG2D. *Nat Immunol.* 3:1142-9.

Diegmann, J., K. Junker, I.F. Loncarevic, S. Michel, B. Schimmel, and F. von Eggeling. 2006. Immune escape for renal cell carcinoma: CD70 mediates apoptosis in lymphocytes. *Neoplasia.* 8:933-8.

DiLillo, D.J., T. Matsushita, and T.F. Tedder. 2010a. B10 cells and regulatory B cells balance immune responses during inflammation, autoimmunity, and cancer. *Ann N Y Acad Sci.* 1183:38-57.

DiLillo, D.J., K. Yanaba, and T.F. Tedder. 2010b. B cells are required for optimal CD4+ and CD8+ T cell tumor immunity: therapeutic B cell depletion enhances B16 melanoma growth in mice. *J Immunol.* 184:4006-16.

Disis, M.L. 2010. Immune regulation of cancer. *J Clin Oncol.* 28:4531-8.

Dong, H., S.E. Strome, D.R. Salomao, H. Tamura, F. Hirano, D.B. Flies, P.C. Roche, J. Lu, G. Zhu, K. Tamada, V.A. Lennon, E. Celis, and L. Chen. 2002. Tumor-associated B7-H1 promotes T-cell apoptosis: a potential mechanism of immune evasion. *Nat Med.* 8:793-800.

Dranoff, G. 2004. Cytokines in cancer pathogenesis and cancer therapy. *Nat Rev Cancer.* 4:11-22.

Driessens, G., J. Kline, and T.F. Gajewski. 2009. Costimulatory and coinhibitory receptors in anti-tumor immunity. *Immunol Rev.* 229:126-44.

Dusek, R.L., L.M. Godsel, and K.J. Green. 2007. Discriminating roles of desmosomal cadherins: beyond desmosomal adhesion. *J Dermatol Sci.* 45:7-21.

Dvorsky, R., and M.R. Ahmadian. 2004. Always look on the bright site of Rho: structural implications for a conserved intermolecular interface. *EMBO Rep.* 5:1130-6.

Easty, D.J., S.G. Gray, K.J. O'Byrne, D. O'Donnell, and D.C. Bennett. 2011. Receptor tyrosine kinases and their activation in melanoma. *Pigment Cell Melanoma Res.* 24:446-61.

Egeblad, M., and Z. Werb. 2002. New functions for the matrix metalloproteinases in cancer progression. *Nat Rev Cancer.* 2:161-74.

Elbashir, S.M., J. Harborth, W. Lendeckel, A. Yalcin, K. Weber, and T. Tuschl. 2001. Duplexes of 21-nucleotide RNAs mediate RNA interference in cultured mammalian cells. *Nature.* 411:494-8.

Ellenbroek, S.I., and J.G. Collard. 2007. Rho GTPases: functions and association with cancer. *Clin Exp Metastasis.* 24:657-72.

Ellerbroek, S.M., K. Wennerberg, and K. Burridge. 2003. Serine phosphorylation negatively regulates RhoA in vivo. *J Biol Chem.* 278:19023-31.

Elsner, L., P.F. Flugge, J. Lozano, V. Muppala, B. Eiz-Vesper, S.Y. Demiroglu, D. Malzahn, T. Herrmann, E. Brunner, H. Bickeboller, G. Multhoff, L. Walter, and R. Dressel.

2010. The endogenous danger signals HSP70 and MICA cooperate in the activation of cytotoxic effector functions of NK cells. *J Cell Mol Med*. 14:992-1002.

Emuss, V., M. Garnett, C. Mason, and R. Marais. 2005. Mutations of C-RAF are rare in human cancer because C-RAF has a low basal kinase activity compared with B-RAF. *Cancer Res*. 65:9719-26.

Endo, A. 1980. Monacolin K, a new hypocholesterolemic agent that specifically inhibits 3-hydroxy-3-methylglutaryl coenzyme A reductase. *J Antibiot (Tokyo)*. 33:334-6.

Erdag, G., J.T. Schaefer, M.E. Smolkin, D.H. Deacon, S.M. Shea, L.T. Dengel, J.W. Patterson, and C.L. Slingluff Jr. 2012. Immunotype and immunohistologic characteristics of tumor-infiltrating immune cells are associated with clinical outcome in metastatic melanoma. *Cancer Res*. 72:1070-1080.

Erhardt, P., E.J. Schremser, and G.M. Cooper. 1999. B-Raf inhibits programmed cell death downstream of cytochrome c release from mitochondria by activating the MEK/Erk pathway. *Mol Cell Biol*. 19:5308-15.

Evelyn, C.R., S.M. Wade, Q. Wang, M. Wu, J.A. Iniguez-Lluhi, S.D. Merajver, and R.R. Neubig. 2007. CCG-1423: a small-molecule inhibitor of RhoA transcriptional signaling. *Mol Cancer Ther*. 6:2249-60.

Faried, A., L.S. Faried, N. Usman, H. Kato, and H. Kuwano. 2007. Clinical and prognostic significance of RhoA and RhoC gene expression in esophageal squamous cell carcinoma. *Ann Surg Oncol*. 14:3593-601.

Fecher, L.A., R.K. Amaravadi, and K.T. Flaherty. 2008. The MAPK pathway in melanoma. *Curr Opin Oncol*. 20:183-9.

Fernandez-Zapico, M.E., N.C. Gonzalez-Paz, E. Weiss, D.N. Savoy, J.R. Molina, R. Fonseca, T.C. Smyrk, S.T. Chari, R. Urrutia, and D.D. Billadeau. 2005. Ectopic expression of VAV1 reveals an unexpected role in pancreatic cancer tumorigenesis. *Cancer Cell*. 7:39-49.

Filipazzi, P., V. Huber, and L. Rivoltini. 2012. Phenotype, function and clinical implications of myeloid-derived suppressor cells in cancer patients. *Cancer Immunol Immunother*. 61:255-63.

Flaherty, K.T., I. Puzanov, K.B. Kim, A. Ribas, G.A. McArthur, J.A. Sosman, P.J. O'Dwyer, R.J. Lee, J.F. Grippo, K. Nolop, and P.B. Chapman. 2010. Inhibition of mutated, activated BRAF in metastatic melanoma. *N Engl J Med*. 363:809-19.

Forget, M.A., R.R. Desrosiers, M. Del, R. Moumdjian, D. Shedid, F. Berthelet, and R. Beliveau. 2002. The expression of rho proteins decreases with human brain tumor progression: potential tumor markers. *Clin Exp Metastasis*. 19:9-15.

Friedl, P. 2004. Prespecification and plasticity: shifting mechanisms of cell migration. *Curr Opin Cell Biol*. 16:14-23.

Friedl, P., F. Entschladen, C. Conrad, B. Niggemann, and K.S. Zanker. 1998. CD4+ T lymphocytes migrating in three-dimensional collagen lattices lack focal adhesions and utilize beta1 integrin-independent strategies for polarization, interaction with collagen fibers and locomotion. *Eur J Immunol*. 28:2331-43.

Fritz, G., C. Brachetti, F. Bahlmann, M. Schmidt, and B. Kaina. 2002. Rho GTPases in human breast tumours: expression and mutation analyses and correlation with clinical parameters. *Br J Cancer*. 87:635-44.

Fritz, G., I. Just, and B. Kaina. 1999. Rho GTPases are over-expressed in human tumors. *Int J Cancer*. 81:682-7.

Fuertes, M.B., M.V. Girart, L.L. Molinero, C.I. Domaica, L.E. Rossi, M.M. Barrio, J. Mordoh, G.A. Rabinovich, and N.W. Zwirner. 2008. Intracellular retention of the NKG2D ligand MHC class I chain-related gene A in human melanomas confers immune privilege and prevents NK cell-mediated cytotoxicity. *J Immunol*. 180:4606-14.

Fukui, K., S. Tamura, A. Wada, Y. Kamada, Y. Sawai, K. Imanaka, T. Kudara, I. Shimomura, and N. Hayashi. 2006. Expression and prognostic role of RhoA GTPases in hepatocellular carcinoma. *J Cancer Res Clin Oncol*. 132:627-33.

Gadea, G., M. de Toledo, C. Anguille, and P. Roux. 2007. Loss of p53 promotes RhoA-ROCK-dependent cell migration and invasion in 3D matrices. *J Cell Biol*. 178:23-30.

Gadea, G., V. Sanz-Moreno, A. Self, A. Godi, and C.J. Marshall. 2008. DOCK10-mediated Cdc42 activation is necessary for amoeboid invasion of melanoma cells. *Curr Biol.* 18:1456-65.

Galon, J., A. Costes, F. Sanchez-Cabo, A. Kirilovsky, B. Mlecnik, C. Lagorce-Pages, M. Tosolini, M. Camus, A. Berger, P. Wind, F. Zinzindohoue, P. Bruneval, P.H. Cugnenc, Z. Trajanoski, W.H. Fridman, and F. Pages. 2006. Type, density, and location of immune cells within human colorectal tumors predict clinical outcome. *Science.* 313:1960-4.

Galon, J., F. Pages, F.M. Marincola, M. Thurin, G. Trinchieri, B.A. Fox, T.F. Gajewski, and P.A. Ascierto. 2012. The immune score as a new possible approach for the classification of cancer. *J Transl Med.* 10:1.

Gampel, A., and H. Mellor. 2002. Small interfering RNAs as a tool to assign Rho GTPase exchange-factor function in vivo. *Biochem J.* 366:393-8.

Gampel, A., P.J. Parker, and H. Mellor. 1999. Regulation of epidermal growth factor receptor traffic by the small GTPase rhoB. *Curr Biol.* 9:955-8.

Garcia, P., A.B. De Heredia, T. Bellon, E. Carpio, M. Llano, E. Caparros, P. Aparicio, and M. Lopez-Botet. 2004. Signalling via CD70, a member of the TNF family, regulates T cell functions. *J Leukoc Biol.* 76:263-70.

Gasser, S., S. Orsulic, E.J. Brown, and D.H. Raulet. 2005. The DNA damage pathway regulates innate immune system ligands of the NKG2D receptor. *Nature.* 436:1186-90.

Gattinoni, L., D.J. Powell, Jr., S.A. Rosenberg, and N.P. Restifo. 2006. Adoptive immunotherapy for cancer: building on success. *Nat Rev Immunol.* 6:383-93.

Geiger, T.R., and D.S. Peeper. 2009. Metastasis mechanisms. *Biochim Biophys Acta.* 1796:293-308.

Gemignani, M.L., A.C. Schlaerth, F. Bogomolniy, R.R. Barakat, O. Lin, R. Soslow, E. Venkatraman, and J. Boyd. 2003. Role of KRAS and BRAF gene mutations in mucinous ovarian carcinoma. *Gynecol Oncol.* 90:378-81.

Ghosh, P., and L. Chin. 2009. Genetics and genomics of melanoma. *Expert Rev Dermatol.* 4:131.

Gligorijevic, B., J. Wyckoff, H. Yamaguchi, Y. Wang, E.T. Roussos, and J. Condeelis. 2012. N-WASP-mediated invadopodium formation is involved in intravasation and lung metastasis of mammary tumors. *J Cell Sci.* 125:724-34.

Glouchkova, L., B. Ackermann, A. Zibert, R. Meisel, M. Siepermann, G.E. Janka-Schaub, U. Goebel, A. Troeger, and D. Dilloo. 2009. The CD70/CD27 pathway is critical for stimulation of an effective cytotoxic T cell response against B cell precursor acute lymphoblastic leukemia. *J Immunol.* 182:718-25.

Gomez del Pulgar, T., S.A. Benitah, P.F. Valeron, C. Espina, and J.C. Lacal. 2005. Rho GTPase expression in tumourigenesis: evidence for a significant link. *Bioessays.* 27:602-13.

Grangeon, C., C. Cormary, V. Douin-Echinard, G. Favre, B. Couderc, and A.F. Tilkin-Mariame. 2002. In vivo induction of antitumor immunity and protection against tumor growth by injection of CD154-expressing tumor cells. *Cancer Gene Ther.* 9:282-8.

Gray-Schopfer, V., C. Wellbrock, and R. Marais. 2007. Melanoma biology and new targeted therapy. *Nature.* 445:851-7.

Gray-Schopfer, V.C., S. da Rocha Dias, and R. Marais. 2005. The role of B-RAF in melanoma. *Cancer Metastasis Rev.* 24:165-83.

Grise, F., S. Sena, A. Bidaud-Meynard, J. Baud, J.B. Hiriart, K. Makki, N. Dugot-Senant, C. Staedel, P. Bioulac-Sage, J. Zucman-Rossi, J. Rosenbaum, and V. Moreau. 2012. Rnd3/RhoE is down-regulated in hepatocellular carcinoma and controls cellular invasion. *Hepatology.*

Guerra, N., Y.X. Tan, N.T. Joncker, A. Choy, F. Gallardo, N. Xiong, S. Knoblaugh, D. Cado, N.M. Greenberg, and D.H. Raulet. 2008. NKG2D-deficient mice are defective in tumor surveillance in models of spontaneous malignancy. *Immunity.* 28:571-80.

Gustafsson, B., S. Angelini, B. Sander, B. Christensson, K. Hemminki, and R. Kumar. 2005. Mutations in the BRAF and N-ras genes in childhood acute lymphoblastic leukaemia. *Leukemia.* 19:310-2.

Hable, W.E., S. Reddy, and L. Julien. 2008. The Rac1 inhibitor, NSC23766, depolarizes adhesive secretion, endomembrane cycling, and tip growth in the fucoid alga, Silvetia compressa. *Planta*. 227:991-1000.

Haines, P., G.H. Samuel, H. Cohen, M. Trojanowska, and A.M. Bujor. 2011. Caveolin-1 is a negative regulator of MMP-1 gene expression in human dermal fibroblasts via inhibition of Erk1/2/Ets1 signaling pathway. *J Dermatol Sci*. 64:210-6.

Hall, A. 1998. Rho GTPases and the actin cytoskeleton. *Science*. 279:509-14.

Hanahan, D., and R.A. Weinberg. 2000. The hallmarks of cancer. *Cell*. 100:57-70.

Hancock, J.F., H. Paterson, and C.J. Marshall. 1990. A polybasic domain or palmitoylation is required in addition to the CAAX motif to localize p21ras to the plasma membrane. *Cell*. 63:133-9.

Hao, L., J.R. Ha, P. Kuzel, E. Garcia, and S. Persad. 2012. Cadherin Switch from E- to N-Cadherin in Melanoma Progression is regulated by the PI3K/PTEN Pathway through TWIST and SNAIL. *Br J Dermatol*.

Hart, M.J., A. Eva, D. Zangrilli, S.A. Aaronson, T. Evans, R.A. Cerione, and Y. Zheng. 1994. Cellular transformation and guanine nucleotide exchange activity are catalyzed by a common domain on the dbl oncogene product. *J Biol Chem*. 269:62-5.

Hatzivassiliou, G., K. Song, I. Yen, B.J. Brandhuber, D.J. Anderson, R. Alvarado, M.J. Ludlam, D. Stokoe, S.L. Gloor, G. Vigers, T. Morales, I. Aliagas, B. Liu, S. Sideris, K.P. Hoeflich, B.S. Jaiswal, S. Seshagiri, H. Koeppen, M. Belvin, L.S. Friedman, and S. Malek. 2010. RAF inhibitors prime wild-type RAF to activate the MAPK pathway and enhance growth. *Nature*. 464:431-5.

Head, J., and S.R. Johnston. 2004. New targets for therapy in breast cancer: farnesyltransferase inhibitors. *Breast Cancer Res*. 6:262-8.

Head, J.E., and S.R. Johnston. 2003. Protein farnesyltransferase inhibitors. *Expert Opin Emerg Drugs*. 8:163-78.

Heasman, S.J., and A.J. Ridley. 2008. Mammalian Rho GTPases: new insights into their functions from in vivo studies. *Nat Rev Mol Cell Biol*. 9:690-701.

Heidorn, S.J., C. Milagre, S. Whittaker, A. Nourry, I. Niculescu-Duvas, N. Dhomen, J. Hussain, J.S. Reis-Filho, C.J. Springer, C. Pritchard, and R. Marais. 2010. Kinase-dead BRAF and oncogenic RAS cooperate to drive tumor progression through CRAF. *Cell*. 140:209-21.

Hintzen, R.Q., S.M. Lens, M.P. Beckmann, R.G. Goodwin, D. Lynch, and R.A. van Lier. 1994. Characterization of the human CD27 ligand, a novel member of the TNF gene family. *J Immunol*. 152:1762-73.

Hirohashi, S. 1998. Inactivation of the E-cadherin-mediated cell adhesion system in human cancers. *Am J Pathol*. 153:333-9.

Hodges, E., M.T. Krishna, C. Pickard, and J.L. Smith. 2003. Diagnostic role of tests for T cell receptor (TCR) genes. *J Clin Pathol*. 56:1-11.

Hodi, F.S., S.J. O'Day, D.F. McDermott, R.W. Weber, J.A. Sosman, J.B. Haanen, R. Gonzalez, C. Robert, D. Schadendorf, J.C. Hassel, W. Akerley, A.J. van den Eertwegh, J. Lutzky, P. Lorigan, J.M. Vaubel, G.P. Linette, D. Hogg, C.H. Ottensmeier, C. Lebbe, C. Peschel, I. Quirt, J.I. Clark, J.D. Wolchok, J.S. Weber, J. Tian, M.J. Yellin, G.M. Nichol, A. Hoos, and W.J. Urba. 2010. Improved survival with ipilimumab in patients with metastatic melanoma. *N Engl J Med*. 363:711-23.

Hoffmann, C., and G. Schmidt. 2004. CNF and DNT. *Rev Physiol Biochem Pharmacol*. 152:49-63.

Horiuchi, A., T. Imai, C. Wang, S. Ohira, Y. Feng, T. Nikaido, and I. Konishi. 2003. Up-regulation of small GTPases, RhoA and RhoC, is associated with tumor progression in ovarian carcinoma. *Lab Invest*. 83:861-70.

Horng, T., J.S. Bezbradica, and R. Medzhitov. 2007. NKG2D signaling is coupled to the interleukin 15 receptor signaling pathway. *Nat Immunol*. 8:1345-52.

Hu, L.D., H.F. Zou, S.X. Zhan, and K.M. Cao. 2007. Biphasic expression of RhoGDI2 in the progression of breast cancer and its negative relation with lymph node metastasis. *Oncol Rep*. 17:1383-9.

Hua, H., M. Li, T. Luo, Y. Yin, and Y. Jiang. 2011. Matrix metalloproteinases in tumorigenesis: an evolving paradigm. *Cell Mol Life Sci*. 68:3853-68.

Hume, D.A., I.L. Ross, S.R. Himes, R.T. Sasmono, C.A. Wells, and T. Ravasi. 2002. The mononuclear phagocyte system revisited. *J Leukoc Biol*. 72:621-7.

Hunter, K.W., N.P. Crawford, and J. Alsarraj. 2008. Mechanisms of metastasis. *Breast Cancer Res*. 10 Suppl 1:S2.

Hwang, S.L., Y.R. Hong, W.D. Sy, A.S. Lieu, C.L. Lin, K.S. Lee, and S.L. Howng. 2004. Rac1 gene mutations in human brain tumours. *Eur J Surg Oncol*. 30:68-72.

Ihara, K., S. Muraguchi, M. Kato, T. Shimizu, M. Shirakawa, S. Kuroda, K. Kaibuchi, and T. Hakoshima. 1998. Crystal structure of human RhoA in a dominantly active form complexed with a GTP analogue. *J Biol Chem*. 273:9656-66.

Ikoma, T., T. Takahashi, S. Nagano, Y.M. Li, Y. Ohno, K. Ando, T. Fujiwara, H. Fujiwara, and K. Kosai. 2004. A definitive role of RhoC in metastasis of orthotopic lung cancer in mice. *Clin Cancer Res*. 10:1192-200.

Ilina, O., and P. Friedl. 2009. Mechanisms of collective cell migration at a glance. *J Cell Sci*. 122:3203-8.

InCA. 2010. Les traitements du mélanome de la peau. *Cancer info*. Soutien financier La Ligue.

Itoh, T., M. Tanioka, H. Matsuda, H. Nishimoto, T. Yoshioka, R. Suzuki, and M. Uehira. 1999. Experimental metastasis is suppressed in MMP-9-deficient mice. *Clin Exp Metastasis*. 17:177-81.

Itoh, Y., A. Ito, K. Iwata, K. Tanzawa, Y. Mori, and H. Nagase. 1998. Plasma membrane-bound tissue inhibitor of metalloproteinases (TIMP)-2 specifically inhibits matrix metalloproteinase 2 (gelatinase A) activated on the cell surface. *J Biol Chem*. 273:24360-7.

Ivanov, V.N., A. Bhoumik, and Z. Ronai. 2003. Death receptors and melanoma resistance to apoptosis. *Oncogene*. 22:3152-61.

Iwata, T., K. Sugio, H. Uramoto, S. Yamada, T. Onitsuka, N. Nose, K. Ono, M. Takenoyama, T. Oyama, T. Hanagiri, and K. Yasumoto. 2011. Detection of EGFR and K-ras mutations for diagnosis of multiple lung adenocarcinomas. *Front Biosci*. 17:2961-9.

Jacobs, J.F., S. Nierkens, C.G. Figdor, I.J. de Vries, and G.J. Adema. 2012. Regulatory T cells in melanoma: the final hurdle towards effective immunotherapy? *Lancet Oncol*. 13:e32-42.

Janardhan, S.V., K. Praveen, R. Marks, and T.F. Gajewski. 2011. Evidence implicating the Ras pathway in multiple CD28 costimulatory functions in CD4+ T cells. *PLoS One*. 6:e24931.

Jansen, B., H. Schlagbauer-Wadl, B.D. Brown, R.N. Bryan, A. van Elsas, M. Muller, K. Wolff, H.G. Eichler, and H. Pehamberger. 1998. bcl-2 antisense therapy chemosensitizes human melanoma in SCID mice. *Nat Med*. 4:232-4.

Jechlinger, M., S. Grunert, I.H. Tamir, E. Janda, S. Ludemann, T. Waerner, P. Seither, A. Weith, H. Beug, and N. Kraut. 2003. Expression profiling of epithelial plasticity in tumor progression. *Oncogene*. 22:7155-69.

Jensen, P., S. Hansen, B. Moller, T. Leivestad, P. Pfeffer, O. Geiran, P. Fauchald, and S. Simonsen. 1999. Skin cancer in kidney and heart transplant recipients and different long-term immunosuppressive therapy regimens. *J Am Acad Dermatol*. 40:177-86.

Jiang, W.G., G. Watkins, J. Lane, G.H. Cunnick, A. Douglas-Jones, K. Mokbel, and R.E. Mansel. 2003. Prognostic value of rho GTPases and rho guanine nucleotide dissociation inhibitors in human breast cancers. *Clin Cancer Res*. 9:6432-40.

Jin, Z., S. Ogata, G. Tamura, Y. Katayama, M. Fukase, M. Yajima, and T. Motoyama. 2003. Carcinosarcomas (malignant mullerian mixed tumors) of the uterus and ovary: a genetic study with special reference to histogenesis. *Int J Gynecol Pathol*. 22:368-73.

Johannessen, C.M., J.S. Boehm, S.Y. Kim, S.R. Thomas, L. Wardwell, L.A. Johnson, C.M. Emery, N. Stransky, A.P. Cogdill, J. Barretina, G. Caponigro, H. Hieronymus, R.R. Murray, K. Salehi-Ashtiani, D.E. Hill, M. Vidal, J.J. Zhao, X. Yang, O. Alkan, S. Kim, J.L. Harris, C.J. Wilson, V.E. Myer, P.M. Finan, D.E. Root, T.M. Roberts, T. Golub, K.T. Flaherty, R. Dummer, B.L. Weber, W.R. Sellers, R. Schlegel, J.A. Wargo, W.C. Hahn, and L.A. Garraway. 2010. COT drives resistance to RAF inhibition through MAP kinase pathway reactivation. *Nature*. 468:968-72.

Jordan, P., R. Brazao, M.G. Boavida, C. Gespach, and E. Chastre. 1999. Cloning of a novel human Rac1b splice variant with increased expression in colorectal tumors. *Oncogene*. 18:6835-9.

Joseph, R.W., V.R. Peddareddigari, P. Liu, P.W. Miller, W.W. Overwijk, N.B. Bekele, M.I. Ross, J.E. Lee, J.E. Gershenwald, A. Lucci, V.G. Prieto, J.D. McMannis, N. Papadopoulos, K. Kim, J. Homsi, A. Bedikian, W.J. Hwu, P. Hwu, and L.G. Radvanyi. 2011. Impact of clinical and pathologic features on tumor-infiltrating lymphocyte expansion from surgically excised melanoma metastases for adoptive T-cell therapy. *Clin Cancer Res*. 17:4882-91.

Juretic, A., G.C. Spagnoli, E. Schultz-Thater, and B. Sarcevic. 2003. Cancer/testis tumour-associated antigens: immunohistochemical detection with monoclonal antibodies. *Lancet Oncol*. 4:104-9.

Kalland, M.E., N.G. Oberprieler, T. Vang, K. Tasken, and K.M. Torgersen. 2011. T cell-signaling network analysis reveals distinct differences between CD28 and CD2 costimulation responses in various subsets and in the MAPK pathway between resting and activated regulatory T cells. *J Immunol*. 187:5233-45.

Kalluri, R., and R.A. Weinberg. 2009. The basics of epithelial-mesenchymal transition. *J Clin Invest*. 119:1420-8.

Kamai, T., K. Arai, T. Tsujii, M. Honda, and K. Yoshida. 2001. Overexpression of RhoA mRNA is associated with advanced stage in testicular germ cell tumour. *BJU Int*. 87:227-31.

Kamai, T., T. Yamanishi, H. Shirataki, K. Takagi, H. Asami, Y. Ito, and K. Yoshida. 2004. Overexpression of RhoA, Rac1, and Cdc42 GTPases is associated with progression in testicular cancer. *Clin Cancer Res*. 10:4799-805.

Kandpal, R.P. 2006. Rho GTPase activating proteins in cancer phenotypes. *Curr Protein Pept Sci*. 7:355-65.

Karlsson, R., E.D. Pedersen, Z. Wang, and C. Brakebusch. 2009. Rho GTPase function in tumorigenesis. *Biochim Biophys Acta*. 1796:91-8.

Karnoub, A.E., and R.A. Weinberg. 2008. Ras oncogenes: split personalities. *Nat Rev Mol Cell Biol*. 9:517-31.

Kato, Y., T. Hirano, K. Yoshida, K. Yashima, S. Akimoto, K. Tsuji, T. Ohira, M. Tsuboi, N. Ikeda, Y. Ebihara, and H. Kato. 2005. Frequent loss of E-cadherin and/or catenins in intrabronchial lesions during carcinogenesis of the bronchial epithelium. *Lung Cancer*. 48:323-30.

Kearney, A.S., L.F. Crawford, S.C. Mehta, and G.W. Radebaugh. 1993. The interconversion kinetics, equilibrium, and solubilities of the lactone and hydroxyacid forms of the HMG-CoA reductase inhibitor, CI-981. *Pharm Res*. 10:1461-5.

Keibel, A., V. Singh, and M.C. Sharma. 2009. Inflammation, microenvironment, and the immune system in cancer progression. *Curr Pharm Des*. 15:1949-55.

Keir, M.E., M.J. Butte, G.J. Freeman, and A.H. Sharpe. 2008. PD-1 and its ligands in tolerance and immunity. *Annu Rev Immunol*. 26:677-704.

Keller, A.M., A. Schildknecht, Y. Xiao, M. van den Broek, and J. Borst. 2008. Expression of costimulatory ligand CD70 on steady-state dendritic cells breaks CD8+ T cell tolerance and permits effective immunity. *Immunity*. 29:934-46.

Khammari, A., J.M. Nguyen, M.C. Pandolfino, G. Quereux, A. Brocard, S. Bercegeay, A. Cassidanius, P. Lemarre, C. Volteau, N. Labarriere, F. Jotereau, and B. Dreno. 2007. Long-term follow-up of patients treated by adoptive transfer of melanoma tumor-infiltrating lymphocytes as adjuvant therapy for stage III melanoma. *Cancer Immunol Immunother*. 56:1853-60.

Khong, H.T., and N.P. Restifo. 2002. Natural selection of tumor variants in the generation of "tumor escape" phenotypes. *Nat Immunol.* 3:999-1005.

Khong, H.T., Q.J. Wang, and S.A. Rosenberg. 2004. Identification of multiple antigens recognized by tumor-infiltrating lymphocytes from a single patient: tumor escape by antigen loss and loss of MHC expression. *J Immunother.* 27:184-90.

Kidera, Y., M. Tsubaki, Y. Yamazoe, K. Shoji, H. Nakamura, M. Ogaki, T. Satou, T. Itoh, M. Isozaki, J. Kaneko, Y. Tanimori, M. Yanae, and S. Nishida. 2010. Reduction of lung metastasis, cell invasion, and adhesion in mouse melanoma by statin-induced blockade of the Rho/Rho-associated coiled-coil-containing protein kinase pathway. *J Exp Clin Cancer Res.* 29:127.

Kim, K., T. Kuo, J. Cai, S. Shuja, and M.J. Murnane. 1997. N-ras protein: frequent quantitative and qualitative changes occur in human colorectal carcinomas. *Int J Cancer.* 71:767-75.

Kimura, E.T., M.N. Nikiforova, Z. Zhu, J.A. Knauf, Y.E. Nikiforov, and J.A. Fagin. 2003. High prevalence of BRAF mutations in thyroid cancer: genetic evidence for constitutive activation of the RET/PTC-RAS-BRAF signaling pathway in papillary thyroid carcinoma. *Cancer Res.* 63:1454-7.

Kirkwood, J.M., L. Bastholt, C. Robert, J. Sosman, J. Larkin, P. Hersey, M. Middleton, M. Cantarini, V. Zazulina, K. Kemsley, and R. Dummer. 2012. Phase II, open-label, randomized trial of the MEK1/2 inhibitor selumetinib as monotherapy versus temozolomide in patients with advanced melanoma. *Clin Cancer Res.* 18:555-67.

Kitzing, T.M., Y. Wang, O. Pertz, J.W. Copeland, and R. Grosse. 2010. Formin-like 2 drives amoeboid invasive cell motility downstream of RhoC. *Oncogene.* 29:2441-8.

Klein, R.M., and P.J. Higgins. 2011. A switch in RND3-RHOA signaling is critical for melanoma cell invasion following mutant-BRAF inhibition. *Mol Cancer.* 10:114.

Klein, R.M., L.S. Spofford, E.V. Abel, A. Ortiz, and A.E. Aplin. 2008. B-RAF regulation of Rnd3 participates in actin cytoskeletal and focal adhesion organization. *Mol Biol Cell.* 19:498-508.

Kober, J., J. Leitner, C. Klauser, R. Woitek, O. Majdic, J. Stockl, D. Herndler-Brandstetter, B. Grubeck-Loebenstein, B.M. Reipert, W.F. Pickl, K. Pfistershammer, and P. Steinberger. 2008. The capacity of the TNF family members 4-1BBL, OX40L, CD70, GITRL, CD30L and LIGHT to costimulate human T cells. *Eur J Immunol.* 38:2678-88.

Koebel, C.M., W. Vermi, J.B. Swann, N. Zerafa, S.J. Rodig, L.J. Old, M.J. Smyth, and R.D. Schreiber. 2007. Adaptive immunity maintains occult cancer in an equilibrium state. *Nature.* 450:903-7.

Koido, S., S. Homma, E. Hara, Y. Namiki, A. Takahara, H. Komita, E. Nagasaki, M. Ito, T. Ohkusa, J. Gong, and H. Tajiri. 2010. Regulation of tumor immunity by tumor/dendritic cell fusions. *Clin Dev Immunol.* 2010:516768.

Kolch, W. 2000. Meaningful relationships: the regulation of the Ras/Raf/MEK/ERK pathway by protein interactions. *Biochem J.* 351 Pt 2:289-305.

Kong, H.H., E.W. Cowen, N.S. Azad, W. Dahut, M. Gutierrez, and M.L. Turner. 2007. Keratoacanthomas associated with sorafenib therapy. *J Am Acad Dermatol.* 56:171-2.

Koskensalo, S., J. Louhimo, S. Nordling, J. Hagstrom, and C. Haglund. 2010. MMP-7 as a prognostic marker in colorectal cancer. *Tumour Biol.* 32:259-64.

Koskensalo, S., J. Mrena, J.P. Wiksten, S. Nordling, A. Kokkola, J. Hagstrom, and C. Haglund. 2011. MMP-7 overexpression is an independent prognostic marker in gastric cancer. *Tumour Biol.* 31:149-55.

Kourlas, P.J., M.P. Strout, B. Becknell, M.L. Veronese, C.M. Croce, K.S. Theil, R. Krahe, T. Ruutu, S. Knuutila, C.D. Bloomfield, and M.A. Caligiuri. 2000. Identification of a gene at 11q23 encoding a guanine nucleotide exchange factor: evidence for its fusion with MLL in acute myeloid leukemia. *Proc Natl Acad Sci U S A.* 97:2145-50.

Krummel, M.F., and J.P. Allison. 1995. CD28 and CTLA-4 have opposing effects on the response of T cells to stimulation. *J Exp Med.* 182:459-65.

Kwon, T., D.Y. Kwon, J. Chun, J.H. Kim, and S.S. Kang. 2000. Akt protein kinase inhibits Rac1-GTP binding through phosphorylation at serine 71 of Rac1. *J Biol Chem.* 275:423-8.

Lammermann, T., and M. Sixt. 2009. Mechanical modes of 'amoeboid' cell migration. *Curr Opin Cell Biol.* 21:636-44.

Lane, J., T.A. Martin, R.E. Mansel, and W.G. Jiang. 2008. The expression and prognostic value of the guanine nucleotide exchange factors (GEFs) Trio, Vav1 and TIAM-1 in human breast cancer. *Int Semin Surg Oncol.* 5:23.

Lanier, L.L. 2008. Up on the tightrope: natural killer cell activation and inhibition. *Nat Immunol.* 9:495-502.

Lanoy, E., J.P. Spano, F. Bonnet, M. Guiguet, F. Boue, J. Cadranel, G. Carcelain, L.J. Couderc, P. Frange, P.M. Girard, E. Oksenhendler, I. Poizot-Martin, C. Semaille, H. Agut, C. Katlama, and D. Costagliola. 2011. The spectrum of malignancies in HIV-infected patients in 2006 in France: the ONCOVIH study. *Int J Cancer.* 129:467-75.

Lartey, J., and A. Lopez Bernal. 2009. RHO protein regulation of contraction in the human uterus. *Reproduction.* 138:407-24.

Le Clainche, C., and M.F. Carlier. 2008. Regulation of actin assembly associated with protrusion and adhesion in cell migration. *Physiol Rev.* 88:489-513.

Lee, J.W., Y.H. Soung, S.Y. Kim, W.S. Park, S.W. Nam, W.S. Min, S.H. Kim, J.Y. Lee, N.J. Yoo, and S.H. Lee. 2005. Mutational analysis of the ARAF gene in human cancers. *APMIS.* 113:54-7.

Lelias, J.M., C.N. Adra, G.M. Wulf, J.C. Guillemot, M. Khagad, D. Caput, and B. Lim. 1993. cDNA cloning of a human mRNA preferentially expressed in hematopoietic cells and with homology to a GDP-dissociation inhibitor for the rho GTP-binding proteins. *Proc Natl Acad Sci U S A.* 90:1479-83.

Lewis, C.E., and J.W. Pollard. 2006. Distinct role of macrophages in different tumor microenvironments. *Cancer Res.* 66:605-12.

Li, J., L.J. Wang, X. Ying, S.X. Han, E. Bai, Y. Zhang, and Q. Zhu. 2012. Immunodiagnostic value of combined detection of autoantibodies to tumor-associated antigens as biomarkers in pancreatic cancer. *Scand J Immunol.* 75:342-9.

Li, T., and J.A. Sparano. 2008. Farnesyl transferase inhibitors. *Cancer Invest.* 26:653-61.

Li, X.R., F. Ji, J. Ouyang, W. Wu, L.Y. Qian, and K.Y. Yang. 2006. Overexpression of RhoA is associated with poor prognosis in hepatocellular carcinoma. *Eur J Surg Oncol.* 32:1130-4.

Liang, D.C., L.Y. Shih, J.F. Fu, H.Y. Li, H.I. Wang, I.J. Hung, C.P. Yang, T.H. Jaing, S.H. Chen, and H.C. Liu. 2006. K-Ras mutations and N-Ras mutations in childhood acute leukemias with or without mixed-lineage leukemia gene rearrangements. *Cancer.* 106:950-6.

Lindstein, T., C.H. June, J.A. Ledbetter, G. Stella, and C.B. Thompson. 1989. Regulation of lymphokine messenger RNA stability by a surface-mediated T cell activation pathway. *Science.* 244:339-43.

Linsley, P.S., W. Brady, L. Grosmaire, A. Aruffo, N.K. Damle, and J.A. Ledbetter. 1991. Binding of the B cell activation antigen B7 to CD28 costimulates T cell proliferation and interleukin 2 mRNA accumulation. *J Exp Med.* 173:721-30.

Liu, G., C.L. Atteridge, X. Wang, A.D. Lundgren, and J.D. Wu. 2010. The membrane type matrix metalloproteinase MMP14 mediates constitutive shedding of MHC class I chain-related molecule A independent of A disintegrin and metalloproteinases. *J Immunol.* 184:3346-50.

Lobell, R.B., C.A. Omer, M.T. Abrams, H.G. Bhimnathwala, M.J. Brucker, C.A. Buser, J.P. Davide, S.J. deSolms, C.J. Dinsmore, M.S. Ellis-Hutchings, A.M. Kral, D. Liu, W.C. Lumma, S.V. Machotka, E. Rands, T.M. Williams, S.L. Graham, G.D. Hartman, A.I. Oliff, D.C. Heimbrook, and N.E. Kohl. 2001. Evaluation of farnesyl:protein transferase and geranylgeranyl:protein transferase inhibitor combinations in preclinical models. *Cancer Res.* 61:8758-68.

Longenecker, K., P. Read, S.K. Lin, A.P. Somlyo, R.K. Nakamoto, and Z.S. Derewenda. 2003. Structure of a constitutively activated RhoA mutant (Q63L) at 1.55 A resolution. *Acta Crystallogr D Biol Crystallogr.* 59:876-80.

Lopez-Otin, C., L.H. Palavalli, and Y. Samuels. 2009. Protective roles of matrix metalloproteinases: from mouse models to human cancer. *Cell Cycle.* 8:3657-62.

Lou, Z., D.D. Billadeau, D.N. Savoy, R.A. Schoon, and P.J. Leibson. 2001. A role for a RhoA/ROCK/LIM-kinase pathway in the regulation of cytotoxic lymphocytes. *J Immunol.* 167:5749-57.

Lu, J., L. Chan, H.D. Fiji, R. Dahl, O. Kwon, and F. Tamanoi. 2009. In vivo antitumor effect of a novel inhibitor of protein geranylgeranyltransferase-I. *Mol Cancer Ther.* 8:1218-26.

Lubomierski, N., G. Plotz, M. Wormek, K. Engels, S. Kriener, J. Trojan, B. Jungling, S. Zeuzem, and J. Raedle. 2005. BRAF mutations in colorectal carcinoma suggest two entities of microsatellite-unstable tumors. *Cancer.* 104:952-61.

Luttrell, M.J., R. Hofmann-Wellenhof, R. Fink-Puches, and H.P. Soyer. 2011. The AC Rule for melanoma: a simpler tool for the wider community. *J Am Acad Dermatol.* 65:1233-4.

Luzzi, K.J., I.C. MacDonald, E.E. Schmidt, N. Kerkvliet, V.L. Morris, A.F. Chambers, and A.C. Groom. 1998. Multistep nature of metastatic inefficiency: dormancy of solitary cells after successful extravasation and limited survival of early micrometastases. *Am J Pathol.* 153:865-73.

Mackensen, A., L. Ferradini, G. Carcelain, F. Triebel, F. Faure, S. Viel, and T. Hercend. 1993. Evidence for in situ amplification of cytotoxic T-lymphocytes with antitumor activity in a human regressive melanoma. *Cancer Res.* 53:3569-73.

Maldonado, J.L., J. Fridlyand, H. Patel, A.N. Jain, K. Busam, T. Kageshita, T. Ono, D.G. Albertson, D. Pinkel, and B.C. Bastian. 2003. Determinants of BRAF mutations in primary melanomas. *J Natl Cancer Inst.* 95:1878-90.

Marais, R., Y. Light, H.F. Paterson, C.S. Mason, and C.J. Marshall. 1997. Differential regulation of Raf-1, A-Raf, and B-Raf by oncogenic ras and tyrosine kinases. *J Biol Chem.* 272:4378-83.

Marchetti, A., M. Milella, L. Felicioni, F. Cappuzzo, L. Irtelli, M. Del Grammastro, M. Sciarrotta, S. Malatesta, C. Nuzzo, G. Finocchiaro, B. Perrucci, D. Carlone, A.J. Gelibter, A. Ceribelli, A. Mezzetti, S. Iacobelli, F. Cognetti, and F. Buttitta. 2009. Clinical implications of KRAS mutations in lung cancer patients treated with tyrosine kinase inhibitors: an important role for mutations in minor clones. *Neoplasia.* 11:1084-92.

Martin, M.D., and L.M. Matrisian. 2007. The other side of MMPs: protective roles in tumor progression. *Cancer Metastasis Rev.* 26:717-24.

Matzinger, P. 1994. Tolerance, danger, and the extended family. *Annu Rev Immunol.* 12:991-1045.

Mavropoulos, A., G. Sully, A.P. Cope, and A.R. Clark. 2005. Stabilization of IFN-gamma mRNA by MAPK p38 in IL-12- and IL-18-stimulated human NK cells. *Blood.* 105:282-8.

Mazieres, J., T. Antonia, G. Daste, C. Muro-Cacho, D. Berchery, V. Tillement, A. Pradines, S. Sebti, and G. Favre. 2004. Loss of RhoB expression in human lung cancer progression. *Clin Cancer Res.* 10:2742-50.

Mazzarella, T., V. Cambiaghi, N. Rizzo, L. Pilla, D. Parolini, E. Orsenigo, A. Colucci, G. Modorati, C. Doglioni, G. Parmiani, and C. Maccalli. 2011. Ex vivo enrichment of circulating anti-tumor T cells from both cutaneous and ocular melanoma patients: clinical implications for adoptive cell transfer therapy. *Cancer Immunol Immunother.*

Mazzocchi, A., C. Melani, L. Rivoltini, C. Castelli, M. Del Vecchio, C. Lombardo, M.P. Colombo, and G. Parmiani. 2001. Simultaneous transduction of B7-1 and IL-2 genes into human melanoma cells to be used as vaccine: enhancement of stimulatory activity for autologous and allogeneic lymphocytes. *Cancer Immunol Immunother.* 50:199-211.

Mehlen, P., and A. Puisieux. 2006. Metastasis: a question of life or death. *Nat Rev Cancer.* 6:449-58.

Meierjohann, S., A. Hufnagel, E. Wende, M.A. Kleinschmidt, K. Wolf, P. Friedl, S. Gaubatz, and M. Schartl. 2010. MMP13 mediates cell cycle progression in melanocytes and melanoma cells: in vitro studies of migration and proliferation. *Mol Cancer*. 9:201.

Michaloglou, C., L.C. Vredeveld, W.J. Mooi, and D.S. Peeper. 2008. BRAF(E600) in benign and malignant human tumours. *Oncogene*. 27:877-95.

Micuda, S., D. Rosel, A. Ryska, and J. Brabek. 2010. ROCK inhibitors as emerging therapeutic candidates for sarcomas. *Curr Cancer Drug Targets*. 10:127-34.

Mira, J.P., V. Benard, J. Groffen, L.C. Sanders, and U.G. Knaus. 2000. Endogenous, hyperactive Rac3 controls proliferation of breast cancer cells by a p21-activated kinase-dependent pathway. *Proc Natl Acad Sci U S A*. 97:185-9.

Mishima, T., M. Naotsuka, Y. Horita, M. Sato, K. Ohashi, and K. Mizuno. 2010. LIM-kinase is critical for the mesenchymal-to-amoeboid cell morphological transition in 3D matrices. *Biochem Biophys Res Commun*. 392:577-81.

Mitra, S.K., D.A. Hanson, and D.D. Schlaepfer. 2005. Focal adhesion kinase: in command and control of cell motility. *Nat Rev Mol Cell Biol*. 6:56-68.

Montel, V., J. Kleeman, D. Agarwal, D. Spinella, K. Kawai, and D. Tarin. 2004. Altered metastatic behavior of human breast cancer cells after experimental manipulation of matrix metalloproteinase 8 gene expression. *Cancer Res*. 64:1687-94.

Moon, S.Y., and Y. Zheng. 2003. Rho GTPase-activating proteins in cell regulation. *Trends Cell Biol*. 13:13-22.

Moores, S.L., M.D. Schaber, S.D. Mosser, E. Rands, M.B. O'Hara, V.M. Garsky, M.S. Marshall, D.L. Pompliano, and J.B. Gibbs. 1991. Sequence dependence of protein isoprenylation. *J Biol Chem*. 266:14603-10.

Moores, S.L., L.M. Selfors, J. Fredericks, T. Breit, K. Fujikawa, F.W. Alt, J.S. Brugge, and W. Swat. 2000. Vav family proteins couple to diverse cell surface receptors. *Mol Cell Biol*. 20:6364-73.

Motohashi, S., and T. Nakayama. 2009. Invariant natural killer T cell-based immunotherapy for cancer. *Immunotherapy*. 1:73-82.

Mouawad, R., M. Sebert, J. Michels, J. Bloch, J.P. Spano, and D. Khayat. 2010. Treatment for metastatic malignant melanoma: old drugs and new strategies. *Crit Rev Oncol Hematol*. 74:27-39.

Mule, J.J., S.E. Ettinghausen, P.J. Spiess, S. Shu, and S.A. Rosenberg. 1986. Antitumor efficacy of lymphokine-activated killer cells and recombinant interleukin-2 in vivo: survival benefit and mechanisms of tumor escape in mice undergoing immunotherapy. *Cancer Res*. 46:676-83.

Nabeshima, K., T. Inoue, Y. Shimao, Y. Okada, Y. Itoh, M. Seiki, and M. Koono. 2000. Front-cell-specific expression of membrane-type 1 matrix metalloproteinase and gelatinase A during cohort migration of colon carcinoma cells induced by hepatocyte growth factor/scatter factor. *Cancer Res*. 60:3364-9.

Nakajima, S., R. Doi, E. Toyoda, S. Tsuji, M. Wada, M. Koizumi, S.S. Tulachan, D. Ito, K. Kami, T. Mori, Y. Kawaguchi, K. Fujimoto, R. Hosotani, and M. Imamura. 2004. N-cadherin expression and epithelial-mesenchymal transition in pancreatic carcinoma. *Clin Cancer Res*. 10:4125-33.

Narumiya, S., M. Tanji, and T. Ishizaki. 2009. Rho signaling, ROCK and mDia1, in transformation, metastasis and invasion. *Cancer Metastasis Rev*. 28:65-76.

Nausch, N., and A. Cerwenka. 2008. NKG2D ligands in tumor immunity. *Oncogene*. 27:5944-58.

Nazarian, R., H. Shi, Q. Wang, X. Kong, R.C. Koya, H. Lee, Z. Chen, M.K. Lee, N. Attar, H. Sazegar, T. Chodon, S.F. Nelson, G. McArthur, J.A. Sosman, A. Ribas, and R.S. Lo. 2010. Melanomas acquire resistance to B-RAF(V600E) inhibition by RTK or N-RAS upregulation. *Nature*. 468:973-7.

Nedellec, S., M. Bonneville, and E. Scotet. 2010. Human Vgamma9Vdelta2 T cells: from signals to functions. *Semin Immunol*. 22:199-206.

Nicolson, G.L., K.W. Brunson, and I.J. Fidler. 1978. Specificity of arrest, survival, and growth of selected metastatic variant cell lines. *Cancer Res.* 38:4105-11.

Nolte, M.A., R.W. van Olffen, K.P. van Gisbergen, and R.A. van Lier. 2009. Timing and tuning of CD27-CD70 interactions: the impact of signal strength in setting the balance between adaptive responses and immunopathology. *Immunol Rev.* 229:216-31.

Nurieva, R.I., X. Liu, and C. Dong. 2009. Yin-Yang of costimulation: crucial controls of immune tolerance and function. *Immunol Rev.* 229:88-100.

O'Neill, D.W., S. Adams, and N. Bhardwaj. 2004. Manipulating dendritic cell biology for the active immunotherapy of cancer. *Blood.* 104:2235-46.

Ohga, N., A. Kikuchi, T. Ueda, J. Yamamoto, and Y. Takai. 1989. Rabbit intestine contains a protein that inhibits the dissociation of GDP from and the subsequent binding of GTP to rhoB p20, a ras p21-like GTP-binding protein. *Biochem Biophys Res Commun.* 163:1523-33.

Olive, D. 2006. [Lymphocyte coreceptors]. *Med Sci (Paris).* 22:1069-74.

Olive, D., S. le Thi, L. Xerri, I. Hirsch, and J.A. Nunes. 2011. [The role of co-inhibitory signals driven by CTLA-4 in immune system]. *Med Sci (Paris).* 27:842-9.

Olofsson, B. 1999. Rho guanine dissociation inhibitors: pivotal molecules in cellular signalling. *Cell Signal.* 11:545-54.

Oppenheim, D.E., S.J. Roberts, S.L. Clarke, R. Filler, J.M. Lewis, R.E. Tigelaar, M. Girardi, and A.C. Hayday. 2005. Sustained localized expression of ligand for the activating NKG2D receptor impairs natural cytotoxicity in vivo and reduces tumor immunosurveillance. *Nat Immunol.* 6:928-37.

Ostrand-Rosenberg, S., and P. Sinha. 2009. Myeloid-derived suppressor cells: linking inflammation and cancer. *J Immunol.* 182:4499-506.

Pan, Y., F. Bi, N. Liu, Y. Xue, X. Yao, Y. Zheng, and D. Fan. 2004. Expression of seven main Rho family members in gastric carcinoma. *Biochem Biophys Res Commun.* 315:686-91.

Pankova, K., D. Rosel, M. Novotny, and J. Brabek. 2010. The molecular mechanisms of transition between mesenchymal and amoeboid invasiveness in tumor cells. *Cell Mol Life Sci.* 67:63-71.

Pardoll, D. 2003. Does the immune system see tumors as foreign or self? *Annu Rev Immunol.* 21:807-39.

Parham, P. 2004. The Immune System. *Garland Science.*

Paschen, A., A. Sucker, B. Hill, I. Moll, M. Zapatka, X.D. Nguyen, G.C. Sim, I. Gutmann, J. Hassel, J.C. Becker, A. Steinle, D. Schadendorf, and S. Ugurel. 2009. Differential clinical significance of individual NKG2D ligands in melanoma: soluble ULBP2 as an indicator of poor prognosis superior to S100B. *Clin Cancer Res.* 15:5208-15.

Patel, S.P., and K.B. Kim. 2012. Selumetinib (AZD6244; ARRY-142886) in the treatment of metastatic melanoma. *Expert Opin Investig Drugs.* 21:531-9.

Pende, D., P. Rivera, S. Marcenaro, C.C. Chang, R. Biassoni, R. Conte, R. Kubin, D. Cosman, S. Ferrone, L. Moretta, and A. Moretta. 2002. Major histocompatibility complex class I-related chain A and UL16-binding protein expression on tumor cell lines of different histotypes: analysis of tumor susceptibility to NKG2D-dependent natural killer cell cytotoxicity. *Cancer Res.* 62:6178-86.

Perez, O.D., D. Mitchell, G.C. Jager, and G.P. Nolan. 2004. LFA-1 signaling through p44/42 is coupled to perforin degranulation in CD56+CD8+ natural killer cells. *Blood.* 104:1083-93.

Peyssonnaux, C., and A. Eychene. 2001. The Raf/MEK/ERK pathway: new concepts of activation. *Biol Cell.* 93:53-62.

Phan, G.Q., J.S. Weber, and V.K. Sondak. 2008. CTLA-4 blockade with monoclonal antibodies in patients with metastatic cancer: surgical issues. *Ann Surg Oncol.* 15:3014-21.

Pinner, S., and E. Sahai. 2008. Imaging amoeboid cancer cell motility in vivo. *J Microsc.* 231:441-5.

Piras, F., R. Colombari, L. Minerba, D. Murtas, C. Floris, C. Maxia, A. Corbu, M.T. Perra, and P. Sirigu. 2005. The predictive value of CD8, CD4, CD68, and human leukocyte antigen-D-related cells in the prognosis of cutaneous malignant melanoma with vertical growth phase. *Cancer.* 104:1246-54.

Poincloux, R., F. Lizarraga, and P. Chavrier. 2009. Matrix invasion by tumour cells: a focus on MT1-MMP trafficking to invadopodia. *J Cell Sci.* 122:3015-24.

Polak, M.E., L. Newell, V.Y. Taraban, C. Pickard, E. Healy, P.S. Friedmann, A. Al-Shamkhani, and M.R. Ardern-Jones. 2012. CD70-CD27 Interaction Augments CD8+ T-Cell Activation by Human Epidermal Langerhans Cells. *J Invest Dermatol.*

Pollock, P.M., U.L. Harper, K.S. Hansen, L.M. Yudt, M. Stark, C.M. Robbins, T.Y. Moses, G. Hostetter, U. Wagner, J. Kakareka, G. Salem, T. Pohida, P. Heenan, P. Duray, O. Kallioniemi, N.K. Hayward, J.M. Trent, and P.S. Meltzer. 2003. High frequency of BRAF mutations in nevi. *Nat Genet.* 33:19-20.

Poulikakos, P.I., C. Zhang, G. Bollag, K.M. Shokat, and N. Rosen. 2010. RAF inhibitors transactivate RAF dimers and ERK signalling in cells with wild-type BRAF. *Nature.* 464:427-30.

Prasad, K.V., Z. Ao, Y. Yoon, M.X. Wu, M. Rizk, S. Jacquot, and S.F. Schlossman. 1997. CD27, a member of the tumor necrosis factor receptor family, induces apoptosis and binds to Siva, a proapoptotic protein. *Proc Natl Acad Sci U S A.* 94:6346-51.

Prendergast, G.C., R. Khosravi-Far, P.A. Solski, H. Kurzawa, P.F. Lebowitz, and C.J. Der. 1995. Critical role of Rho in cell transformation by oncogenic Ras. *Oncogene.* 10:2289-96.

Preudhomme, C., C. Roumier, M.P. Hildebrand, E. Dallery-Prudhomme, D. Lantoine, J.L. Lai, A. Daudignon, C. Adenis, F. Bauters, P. Fenaux, J.P. Kerckaert, and S. Galiegue-Zouitina. 2000. Nonrandom 4p13 rearrangements of the RhoH/TTF gene, encoding a GTP-binding protein, in non-Hodgkin's lymphoma and multiple myeloma. *Oncogene.* 19:2023-32.

Primeau, M., and N. Lamarche-Vane. 2008. [A brief overview of the small Rho GTPases]. *Med Sci (Paris).* 24:157-62.

Pritchard, C.A., L. Hayes, L. Wojnowski, A. Zimmer, R.M. Marais, and J.C. Norman. 2004. B-Raf acts via the ROCKII/LIMK/cofilin pathway to maintain actin stress fibers in fibroblasts. *Mol Cell Biol.* 24:5937-52.

Pyo, S.W., M. Hashimoto, Y.S. Kim, C.H. Kim, S.H. Lee, K.R. Johnson, M.J. Wheelock, and J.U. Park. 2007. Expression of E-cadherin, P-cadherin and N-cadherin in oral squamous cell carcinoma: correlation with the clinicopathologic features and patient outcome. *J Craniomaxillofac Surg.* 35:1-9.

Qian, Q., Q. Wang, P. Zhan, L. Peng, S.Z. Wei, Y. Shi, and Y. Song. 2010. The role of matrix metalloproteinase 2 on the survival of patients with non-small cell lung cancer: a systematic review with meta-analysis. *Cancer Invest.* 28:661-9.

Qiu, R.G., A. Abo, F. McCormick, and M. Symons. 1997. Cdc42 regulates anchorage-independent growth and is necessary for Ras transformation. *Mol Cell Biol.* 17:3449-58.

Qiu, R.G., J. Chen, F. McCormick, and M. Symons. 1995. A role for Rho in Ras transformation. *Proc Natl Acad Sci U S A.* 92:11781-5.

Radoja, S., T.D. Rao, D. Hillman, and A.B. Frey. 2000. Mice bearing late-stage tumors have normal functional systemic T cell responses in vitro and in vivo. *J Immunol.* 164:2619-28.

Raftopoulou, M., and A. Hall. 2004. Cell migration: Rho GTPases lead the way. *Dev Biol.* 265:23-32.

Raulet, D.H. 2003. Roles of the NKG2D immunoreceptor and its ligands. *Nat Rev Immunol.* 3:781-90.

Reilly, E.C., J.R. Wands, and L. Brossay. 2010. Cytokine dependent and independent iNKT cell activation. *Cytokine.* 51:227-31.

Reis e Sousa, C. 2006. Dendritic cells in a mature age. *Nat Rev Immunol.* 6:476-83.

Reiss, Y., S.J. Stradley, L.M. Gierasch, M.S. Brown, and J.L. Goldstein. 1991. Sequence requirement for peptide recognition by rat brain p21ras protein farnesyltransferase. *Proc Natl Acad Sci U S A*. 88:732-6.

Renkvist, N., C. Castelli, P.F. Robbins, and G. Parmiani. 2001. A listing of human tumor antigens recognized by T cells. *Cancer Immunol Immunother*. 50:3-15.

Ridley, A.J. 1999. Rho family proteins and regulation of the actin cytoskeleton. *Prog Mol Subcell Biol*. 22:1-22.

Ridley, A.J. 2001. Rho proteins: linking signaling with membrane trafficking. *Traffic*. 2:303-10.

Ridley, A.J. 2004. Rho proteins and cancer. *Breast Cancer Res Treat*. 84:13-9.

Ridley, A.J. 2006. Rho GTPases and actin dynamics in membrane protrusions and vesicle trafficking. *Trends Cell Biol*. 16:522-9.

Ridley, A.J. 2011. Life at the leading edge. *Cell*. 145:1012-22.

Ridolfi, L., M. Petrini, L. Fiammenghi, A.M. Granato, V. Ancarani, E. Pancisi, C. Brolli, M. Selva, E. Scarpi, L. Valmorri, S.V. Nicoletti, M. Guidoboni, A. Riccobon, and R. Ridolfi. 2011. Dendritic cell-based vaccine in advanced melanoma: update of clinical outcome. *Melanoma Res*. 21:524-9.

Riento, K., R.M. Guasch, R. Garg, B. Jin, and A.J. Ridley. 2003. RhoE binds to ROCK I and inhibits downstream signaling. *Mol Cell Biol*. 23:4219-29.

Rigel, D.S., R.J. Friedman, A.W. Kopf, and D. Polsky. 2005. ABCDE--an evolving concept in the early detection of melanoma. *Arch Dermatol*. 141:1032-4.

Robertson, D., H.F. Paterson, P. Adamson, A. Hall, and P. Monaghan. 1995. Ultrastructural localization of ras-related proteins using epitope-tagged plasmids. *J Histochem Cytochem*. 43:471-80.

Roger, L., G. Gadea, and P. Roux. 2006. Control of cell migration: a tumour suppressor function for p53? *Biol Cell*. 98:141-52.

Rorth, P. 2007. Collective guidance of collective cell migration. *Trends Cell Biol*. 17:575-9.

Rosa, R., D. Melisi, V. Damiano, R. Bianco, S. Garofalo, T. Gelardi, S. Agrawal, F. Di Nicolantonio, A. Scarpa, A. Bardelli, and G. Tortora. 2011. Toll-like receptor 9 agonist IMO cooperates with cetuximab in K-ras mutant colorectal and pancreatic cancers. *Clin Cancer Res*. 17:6531-41.

Rosenberg, S.A., P. Aebersold, K. Cornetta, A. Kasid, R.A. Morgan, R. Moen, E.M. Karson, M.T. Lotze, J.C. Yang, S.L. Topalian, and et al. 1990. Gene transfer into humans--immunotherapy of patients with advanced melanoma, using tumor-infiltrating lymphocytes modified by retroviral gene transduction. *N Engl J Med*. 323:570-8.

Roskoski, R., Jr. 2012. MEK1/2 dual-specificity protein kinases: structure and regulation. *Biochem Biophys Res Commun*. 417:5-10.

Rossman, K.L., C.J. Der, and J. Sondek. 2005. GEF means go: turning on RHO GTPases with guanine nucleotide-exchange factors. *Nat Rev Mol Cell Biol*. 6:167-80.

Routhier, A., M. Astuccio, D. Lahey, N. Monfredo, A. Johnson, W. Callahan, A. Partington, K. Fellows, L. Ouellette, S. Zhidro, C. Goodrow, A. Smith, K. Sullivan, P. Simone, L. Le, B. Vezuli, M. Zohni, E. West, D. Gleason, and B. Bryan. 2010. Pharmacological inhibition of Rho-kinase signaling with Y-27632 blocks melanoma tumor growth. *Oncol Rep*. 23:861-7.

Roux, P., C. Gauthier-Rouviere, S. Doucet-Brutin, and P. Fort. 1997. The small GTPases Cdc42Hs, Rac1 and RhoG delineate Raf-independent pathways that cooperate to transform NIH3T3 cells. *Curr Biol*. 7:629-37.

Rudd, C.E. 2008. The reverse stop-signal model for CTLA4 function. *Nat Rev Immunol*. 8:153-60.

Rutter, J.L., T.I. Mitchell, G. Buttice, J. Meyers, J.F. Gusella, L.J. Ozelius, and C.E. Brinckerhoff. 1998. A single nucleotide polymorphism in the matrix metalloproteinase-1 promoter creates an Ets binding site and augments transcription. *Cancer Res*. 58:5321-5.

Saez-Borderias, A., M. Guma, A. Angulo, B. Bellosillo, D. Pende, and M. Lopez-Botet. 2006. Expression and function of NKG2D in CD4+ T cells specific for human cytomegalovirus. *Eur J Immunol*. 36:3198-206.

Sahai, E. 2005. Mechanisms of cancer cell invasion. *Curr Opin Genet Dev*. 15:87-96.

Sahai, E. 2007. Illuminating the metastatic process. *Nat Rev Cancer*. 7:737-49.

Sahai, E., M.F. Olson, and C.J. Marshall. 2001. Cross-talk between Ras and Rho signalling pathways in transformation favours proliferation and increased motility. *EMBO J*. 20:755-66.

Salih, H.R., H.G. Rammensee, and A. Steinle. 2002. Cutting edge: down-regulation of MICA on human tumors by proteolytic shedding. *J Immunol*. 169:4098-102.

Salmond, R.J., J. Emery, K. Okkenhaug, and R. Zamoyska. 2009. MAPK, phosphatidylinositol 3-kinase, and mammalian target of rapamycin pathways converge at the level of ribosomal protein S6 phosphorylation to control metabolic signaling in CD8 T cells. *J Immunol*. 183:7388-97.

Santarpia, L., J.N. Myers, S.I. Sherman, F. Trimarchi, G.L. Clayman, and A.K. El-Naggar. 2010. Genetic alterations in the RAS/RAF/mitogen-activated protein kinase and phosphatidylinositol 3-kinase/Akt signaling pathways in the follicular variant of papillary thyroid carcinoma. *Cancer*. 116:2974-83.

Sanz-Moreno, V., G. Gadea, J. Ahn, H. Paterson, P. Marra, S. Pinner, E. Sahai, and C.J. Marshall. 2008. Rac activation and inactivation control plasticity of tumor cell movement. *Cell*. 135:510-23.

Sanz-Moreno, V., C. Gaggioli, M. Yeo, J. Albrengues, F. Wallberg, A. Viros, S. Hooper, R. Mitter, C.C. Feral, M. Cook, J. Larkin, R. Marais, G. Meneguzzi, E. Sahai, and C.J. Marshall. 2011. ROCK and JAK1 signaling cooperate to control actomyosin contractility in tumor cells and stroma. *Cancer Cell*. 20:229-45.

Sanz-Moreno, V., and C.J. Marshall. 2009. Rho-GTPase signaling drives melanoma cell plasticity. *Cell Cycle*. 8:1484-7.

Sarrabayrouse, G., C. Synaeve, K. Leveque, G. Favre, and A.F. Tilkin-Mariame. 2007. Statins stimulate in vitro membrane FasL expression and lymphocyte apoptosis through RhoA/ROCK pathway in murine melanoma cells. *Neoplasia*. 9:1078-90.

Sastry, S.K., and K. Burridge. 2000. Focal adhesions: a nexus for intracellular signaling and cytoskeletal dynamics. *Exp Cell Res*. 261:25-36.

Scherle, P., T. Behrens, and L.M. Staudt. 1993. Ly-GDI, a GDP-dissociation inhibitor of the RhoA GTP-binding protein, is expressed preferentially in lymphocytes. *Proc Natl Acad Sci U S A*. 90:7568-72.

Schmid, M.C., and J.A. Varner. 2010. Myeloid cells in the tumor microenvironment: modulation of tumor angiogenesis and tumor inflammation. *J Oncol*. 2010:201026.

Schmidt, M., M. Voss, M. Thiel, B. Bauer, A. Grannass, E. Tapp, R.H. Cool, J. de Gunzburg, C. von Eichel-Streiber, and K.H. Jakobs. 1998. Specific inhibition of phorbol ester-stimulated phospholipase D by Clostridium sordellii lethal toxin and Clostridium difficile toxin B-1470 in HEK-293 cells. Restoration by Ral GTPases. *J Biol Chem*. 273:7413-22.

Schmitz, A.A., E.E. Govek, B. Bottner, and L. Van Aelst. 2000. Rho GTPases: signaling, migration, and invasion. *Exp Cell Res*. 261:1-12.

Schnelzer, A., D. Prechtel, U. Knaus, K. Dehne, M. Gerhard, H. Graeff, N. Harbeck, M. Schmitt, and E. Lengyel. 2000. Rac1 in human breast cancer: overexpression, mutation analysis, and characterization of a new isoform, Rac1b. *Oncogene*. 19:3013-20.

Schreiber, R.D., L.J. Old, and M.J. Smyth. 2011. Cancer immunoediting: integrating immunity's roles in cancer suppression and promotion. *Science*. 331:1565-70.

Schwartzentruber, D.J., D.H. Lawson, J.M. Richards, R.M. Conry, D.M. Miller, J. Treisman, F. Gailani, L. Riley, K. Conlon, B. Pockaj, K.L. Kendra, R.L. White, R. Gonzalez, T.M. Kuzel, B. Curti, P.D. Leming, E.D. Whitman, J. Balkissoon, D.S. Reintgen, H. Kaufman, F.M. Marincola, M.J. Merino, S.A. Rosenberg, P. Choyke, D. Vena, and P. Hwu. 2011. gp100 peptide vaccine and interleukin-2 in patients with advanced melanoma. *N Engl J Med*. 364:2119-27.

Schwinn, N., D. Vokhminova, A. Sucker, S. Textor, S. Striegel, I. Moll, N. Nausch, J. Tuettenberg, A. Steinle, A. Cerwenka, D. Schadendorf, and A. Paschen. 2009. Interferon-gamma down-regulates NKG2D ligand expression and impairs the NKG2D-mediated cytolysis of MHC class I-deficient melanoma by natural killer cells. *Int J Cancer*. 124:1594-604.

Sebti, S.M., and A.A. Adjei. 2004. Farnesyltransferase inhibitors. *Semin Oncol*. 31:28-39.

Sebti, S.M., and A.D. Hamilton. 2000. Farnesyltransferase and geranylgeranyltransferase I inhibitors in cancer therapy: important mechanistic and bench to bedside issues. *Expert Opin Investig Drugs*. 9:2767-82.

Sensi, M., G. Nicolini, C. Petti, I. Bersani, F. Lozupone, A. Molla, C. Vegetti, D. Nonaka, R. Mortarini, G. Parmiani, S. Fais, and A. Anichini. 2006. Mutually exclusive NRASQ61R and BRAFV600E mutations at the single-cell level in the same human melanoma. *Oncogene*. 25:3357-64.

Seraj, M.J., M.A. Harding, J.J. Gildea, D.R. Welch, and D. Theodorescu. 2000. The relationship of BRMS1 and RhoGDI2 gene expression to metastatic potential in lineage related human bladder cancer cell lines. *Clin Exp Metastasis*. 18:519-25.

Shea, K.F., C.M. Wells, A.P. Garner, and G.E. Jones. 2008. ROCK1 and LIMK2 interact in spread but not blebbing cancer cells. *PLoS One*. 3:e3398.

Sheikhi, A., K. Saadati, R. Salmani, N. Yahaghi, and D.R. Siemens. 2011. In vitro modulation of natural killer activity of human peripheral blood mononuclear cells against prostate tumor cell line. *Immunopharmacol Immunotoxicol*. 33:700-8.

Shikada, Y., I. Yoshino, T. Okamoto, S. Fukuyama, T. Kameyama, and Y. Maehara. 2003. Higher expression of RhoC is related to invasiveness in non-small cell lung carcinoma. *Clin Cancer Res*. 9:5282-6.

Shinohara, M., Y. Terada, A. Iwamatsu, A. Shinohara, N. Mochizuki, M. Higuchi, Y. Gotoh, S. Ihara, S. Nagata, H. Itoh, Y. Fukui, and R. Jessberger. 2002. SWAP-70 is a guanine-nucleotide-exchange factor that mediates signalling of membrane ruffling. *Nature*. 416:759-63.

Shiraishi, T., T. Muneyuki, K. Fukutome, H. Ito, T. Kotake, M. Watanabe, and R. Yatani. 1998. Mutations of ras genes are relatively frequent in Japanese prostate cancers: pointing to genetic differences between populations. *Anticancer Res*. 18:2789-92.

Shortman, K., and S.H. Naik. 2007. Steady-state and inflammatory dendritic-cell development. *Nat Rev Immunol*. 7:19-30.

Shurin, G.V., I.L. Tourkova, G.S. Chatta, G. Schmidt, S. Wei, J.Y. Djeu, and M.R. Shurin. 2005. Small rho GTPases regulate antigen presentation in dendritic cells. *J Immunol*. 174:3394-400.

Silverberg, M.J., C. Chao, W.A. Leyden, L. Xu, M.A. Horberg, D. Klein, W.J. Towner, R. Dubrow, C.P. Quesenberry, Jr., R.S. Neugebauer, and D.I. Abrams. 2011. HIV infection, immunodeficiency, viral replication, and the risk of cancer. *Cancer Epidemiol Biomarkers Prev*. 20:2551-9.

Simons, J.W., B. Mikhak, J.F. Chang, A.M. DeMarzo, M.A. Carducci, M. Lim, C.E. Weber, A.A. Baccala, M.A. Goemann, S.M. Clift, D.G. Ando, H.I. Levitsky, L.K. Cohen, M.G. Sanda, R.C. Mulligan, A.W. Partin, H.B. Carter, S. Piantadosi, F.F. Marshall, and W.G. Nelson. 1999. Induction of immunity to prostate cancer antigens: results of a clinical trial of vaccination with irradiated autologous prostate tumor cells engineered to secrete granulocyte-macrophage colony-stimulating factor using ex vivo gene transfer. *Cancer Res*. 59:5160-8.

Slamon, D., W. Eiermann, N. Robert, T. Pienkowski, M. Martin, M. Press, J. Mackey, J. Glaspy, A. Chan, M. Pawlicki, T. Pinter, V. Valero, M.C. Liu, G. Sauter, G. von Minckwitz, F. Visco, V. Bee, M. Buyse, B. Bendahmane, I. Tabah-Fisch, M.A. Lindsay, A. Riva, and J. Crown. 2011. Adjuvant trastuzumab in HER2-positive breast cancer. *N Engl J Med*. 365:1273-83.

Smith, C., J. Tsang, L. Beagley, D. Chua, V. Lee, V. Li, D.J. Moss, W. Coman, K.H. Chan, J. Nicholls, D. Kwong, and R. Khanna. 2012. Effective treatment of metastatic forms of epstein-barr virus-associated nasopharyngeal carcinoma with a novel adenovirus-based adoptive immunotherapy. *Cancer Res.* 72:1116-25.

Smith, S.C., and D. Theodorescu. 2009. Learning therapeutic lessons from metastasis suppressor proteins. *Nat Rev Cancer.* 9:253-64.

Smith-Garvin, J.E., G.A. Koretzky, and M.S. Jordan. 2009. T cell activation. *Annu Rev Immunol.* 27:591-619.

Soh, L.T., D. Heng, I.W. Lee, T.H. Ho, and K.M. Hui. 2002. The relevance of oncogenes as prognostic markers in cervical cancer. *Int J Gynecol Cancer.* 12:465-74.

Sounni, N.E., and A. Noel. 2005. Membrane type-matrix metalloproteinases and tumor progression. *Biochimie.* 87:329-42.

Speeckaert, R., N. van Geel, K.V. Vermaelen, J. Lambert, M. Van Gele, M.M. Speeckaert, and L. Brochez. 2011. Immune reactions in benign and malignant melanocytic lesions: lessons for immunotherapy. *Pigment Cell Melanoma Res.* 24:334-44.

Steeg, P.S. 2003. Metastasis suppressors alter the signal transduction of cancer cells. *Nat Rev Cancer.* 3:55-63.

Strassheim, D., R.A. Porter, S.H. Phelps, and C.L. Williams. 2000. Unique in vivo associations with SmgGDS and RhoGDI and different guanine nucleotide exchange activities exhibited by RhoA, dominant negative RhoA(Asn-19), and activated RhoA(Val-14). *J Biol Chem.* 275:6699-702.

Street, S.E., J.A. Trapani, D. MacGregor, and M.J. Smyth. 2002. Suppression of lymphoma and epithelial malignancies effected by interferon gamma. *J Exp Med.* 196:129-34.

Sumimoto, H., M. Miyagishi, H. Miyoshi, S. Yamagata, A. Shimizu, K. Taira, and Y. Kawakami. 2004. Inhibition of growth and invasive ability of melanoma by inactivation of mutated BRAF with lentivirus-mediated RNA interference. *Oncogene.* 23:6031-9.

Sun, J.C., J.N. Beilke, and L.L. Lanier. 2009. Adaptive immune features of natural killer cells. *Nature.* 457:557-61.

Suwa, H., G. Ohshio, T. Imamura, G. Watanabe, S. Arii, M. Imamura, S. Narumiya, H. Hiai, and M. Fukumoto. 1998. Overexpression of the rhoC gene correlates with progression of ductal adenocarcinoma of the pancreas. *Br J Cancer.* 77:147-52.

Svitkina, T., W.H. Lin, D.J. Webb, R. Yasuda, G.A. Wayman, L. Van Aelst, and S.H. Soderling. 2010. Regulation of the postsynaptic cytoskeleton: roles in development, plasticity, and disorders. *J Neurosci.* 30:14937-42.

Tacken, P.J., I.J. de Vries, R. Torensma, and C.G. Figdor. 2007. Dendritic-cell immunotherapy: from ex vivo loading to in vivo targeting. *Nat Rev Immunol.* 7:790-802.

Tada, M., Y. Nakai, T. Sasaki, T. Hamada, R. Nagano, D. Mohri, K. Miyabayashi, K. Yamamoto, H. Kogure, K. Kawakubo, Y. Ito, N. Yamamoto, N. Sasahira, K. Hirano, H. Ijichi, K. Tateishi, H. Isayama, M. Omata, and K. Koike. 2012. Recent progress and limitations of chemotherapy for pancreatic and biliary tract cancers. *World J Clin Oncol.* 2:158-63.

Taieb, A. 2011. Vitiligo as an inflammatory skin disorder: a therapeutic perspective. *Pigment Cell Melanoma Res.* 25:9-13.

Tarhini, A.A., J. Cherian, S.J. Moschos, H.A. Tawbi, Y. Shuai, W.E. Gooding, C. Sander, and J.M. Kirkwood. 2012. Safety and efficacy of combination immunotherapy with interferon alfa-2b and tremelimumab in patients with stage IV melanoma. *J Clin Oncol.* 30:322-8.

Tcherkezian, J., and N. Lamarche-Vane. 2007. Current knowledge of the large RhoGAP family of proteins. *Biol Cell.* 99:67-86.

Tesselaar, K., Y. Xiao, R. Arens, G.M. van Schijndel, D.H. Schuurhuis, R.E. Mebius, J. Borst, and R.A. van Lier. 2003. Expression of the murine CD27 ligand CD70 in vitro and in vivo. *J Immunol.* 170:33-40.

Thiery, J.P., H. Acloque, R.Y. Huang, and M.A. Nieto. 2009. Epithelial-mesenchymal transitions in development and disease. *Cell.* 139:871-90.

Thiery, J.P., and J.P. Sleeman. 2006. Complex networks orchestrate epithelial-mesenchymal transitions. *Nat Rev Mol Cell Biol.* 7:131-42.

Tikoo, A., S. Czekay, C. Viars, S. White, J.K. Heath, K. Arden, and H. Maruta. 2000. p190-A, a human tumor suppressor gene, maps to the chromosomal region 19q13.3 that is reportedly deleted in some gliomas. *Gene*. 257:23-31.

Tilkin-Mariame, A.F., C. Cormary, N. Ferro, G. Sarrabayrouse, I. Lajoie-Mazenc, J.C. Faye, and G. Favre. 2005. Geranylgeranyl transferase inhibition stimulates anti-melanoma immune response through MHC Class I and costimulatory molecule expression. *FASEB J.* 19:1513-5.

Titus, B., M.A. Schwartz, and D. Theodorescu. 2005. Rho proteins in cell migration and metastasis. *Crit Rev Eukaryot Gene Expr*. 15:103-14.

Topalian, S.L., A. Kasid, and S.A. Rosenberg. 1990. Immunoselection of a human melanoma resistant to specific lysis by autologous tumor-infiltrating lymphocytes. Possible mechanisms for immunotherapeutic failures. *J Immunol*. 144:4487-95.

Topalian, S.L., G.J. Weiner, and D.M. Pardoll. 2011. Cancer immunotherapy comes of age. *J Clin Oncol*. 29:4828-36.

Totsukawa, G., Y. Wu, Y. Sasaki, D.J. Hartshorne, Y. Yamakita, S. Yamashiro, and F. Matsumura. 2004. Distinct roles of MLCK and ROCK in the regulation of membrane protrusions and focal adhesion dynamics during cell migration of fibroblasts. *J Cell Biol*. 164:427-39.

Trahey, M., and F. McCormick. 1987. A cytoplasmic protein stimulates normal N-ras p21 GTPase, but does not affect oncogenic mutants. *Science*. 238:542-5.

Trapani, J.A., and M.J. Smyth. 2002. Functional significance of the perforin/granzyme cell death pathway. *Nat Rev Immunol*. 2:735-47.

Trujillo, J.I. 2011. MEK inhibitors: a patent review 2008 - 2010. *Expert Opin Ther Pat*. 21:1045-69.

Tsurushima, H., K. Tsuboi, Y. Yoshii, T. Ohno, K. Meguro, and T. Nose. 1996. Expression of N-ras gene in gliomas. *Neurol Med Chir (Tokyo)*. 36:704-8.

Turner, M., and D.D. Billadeau. 2002. VAV proteins as signal integrators for multi-subunit immune-recognition receptors. *Nat Rev Immunol*. 2:476-86.

Turner, M., P.J. Mee, A.E. Walters, M.E. Quinn, A.L. Mellor, R. Zamoyska, and V.L. Tybulewicz. 1997. A requirement for the Rho-family GTP exchange factor Vav in positive and negative selection of thymocytes. *Immunity*. 7:451-60.

Tuschl, T. 2001. RNA interference and small interfering RNAs. *Chembiochem*. 2:239-45.

Ueda, T., A. Kikuchi, N. Ohga, J. Yamamoto, and Y. Takai. 1990. Purification and characterization from bovine brain cytosol of a novel regulatory protein inhibiting the dissociation of GDP from and the subsequent binding of GTP to rhoB p20, a ras p21-like GTP-binding protein. *J Biol Chem*. 265:9373-80.

Ueda, T., M. Sasaki, A.J. Elia, Chio, II, K. Hamada, R. Fukunaga, and T.W. Mak. 2010. Combined deficiency for MAP kinase-interacting kinase 1 and 2 (Mnk1 and Mnk2) delays tumor development. *Proc Natl Acad Sci U S A*. 107:13984-90.

Uyttenhove, C., L. Pilotte, I. Theate, V. Stroobant, D. Colau, N. Parmentier, T. Boon, and B.J. Van den Eynde. 2003. Evidence for a tumoral immune resistance mechanism based on tryptophan degradation by indoleamine 2,3-dioxygenase. *Nat Med*. 9:1269-74.

Vahlne, G., S. Becker, P. Brodin, and M.H. Johansson. 2008. IFN-gamma production and degranulation are differentially regulated in response to stimulation in murine natural killer cells. *Scand J Immunol*. 67:1-11.

van de Laar, L., P.J. Coffer, and A.M. Woltman. 2012. Regulation of dendritic cell development by GM-CSF: molecular control and implications for immune homeostasis and therapy. *Blood*. 119:3383-93.

Van den Eynde, B.J., and T. Boon. 1997. Tumor antigens recognized by T lymphocytes. *Int J Clin Lab Res*. 27:81-6.

van Golen, K.L., S. Davies, Z.F. Wu, Y. Wang, C.D. Bucana, H. Root, S. Chandrasekharappa, M. Strawderman, S.P. Ethier, and S.D. Merajver. 1999. A novel putative low-affinity insulin-like growth factor-binding protein, LIBC (lost in inflammatory breast cancer), and RhoC GTPase correlate with the inflammatory breast cancer phenotype. *Clin Cancer Res.* 5:2511-9.

Varker, K.A., S.H. Phelps, M.M. King, and C.L. Williams. 2003. The small GTPase RhoA has greater expression in small cell lung carcinoma than in non-small cell lung carcinoma and contributes to their unique morphologies. *Int J Oncol.* 22:671-81.

Vayssiere, B., G. Zalcman, Y. Mahe, G. Mirey, T. Ligensa, K.M. Weidner, P. Chardin, and J. Camonis. 2000. Interaction of the Grb7 adapter protein with Rnd1, a new member of the Rho family. *FEBS Lett.* 467:91-6.

Vega, F.M., and A.J. Ridley. 2008. Rho GTPases in cancer cell biology. *FEBS Lett.* 582:2093-101.

Vesely, M.D., M.H. Kershaw, R.D. Schreiber, and M.J. Smyth. 2011. Natural innate and adaptive immunity to cancer. *Annu Rev Immunol.* 29:235-71.

Villa-Morales, M., and J. Fernandez-Piqueras. 2012. Targeting the Fas/FasL signaling pathway in cancer therapy. *Expert Opin Ther Targets.* 16:85-101.

Villanueva, J., A. Vultur, and M. Herlyn. 2011. Resistance to BRAF inhibitors: unraveling mechanisms and future treatment options. *Cancer Res.* 71:7137-40.

Visvikis, O., M.P. Maddugoda, and E. Lemichez. 2010. Direct modifications of Rho proteins: deconstructing GTPase regulation. *Biol Cell.* 102:377-89.

Vivier, E., D.H. Raulet, A. Moretta, M.A. Caligiuri, L. Zitvogel, L.L. Lanier, W.M. Yokoyama, and S. Ugolini. 2011. Innate or adaptive immunity? The example of natural killer cells. *Science.* 331:44-9.

Volpe, S., S. Thelen, T. Pertel, M.J. Lohse, and M. Thelen. 2010. Polarization of migrating monocytic cells is independent of PI 3-kinase activity. *PLoS One.* 5:e10159.

Vonderheide, R.H., W.C. Hahn, J.L. Schultze, and L.M. Nadler. 1999. The telomerase catalytic subunit is a widely expressed tumor-associated antigen recognized by cytotoxic T lymphocytes. *Immunity.* 10:673-9.

Waldhauer, I., D. Goehlsdorf, F. Gieseke, T. Weinschenk, M. Wittenbrink, A. Ludwig, S. Stevanovic, H.G. Rammensee, and A. Steinle. 2008. Tumor-associated MICA is shed by ADAM proteases. *Cancer Res.* 68:6368-76.

Walker, K., and M.F. Olson. 2005. Targeting Ras and Rho GTPases as opportunities for cancer therapeutics. *Curr Opin Genet Dev.* 15:62-8.

Wallar, B.J., and A.S. Alberts. 2003. The formins: active scaffolds that remodel the cytoskeleton. *Trends Cell Biol.* 13:435-46.

Wan, P.T., M.J. Garnett, S.M. Roe, S. Lee, D. Niculescu-Duvaz, V.M. Good, C.M. Jones, C.J. Marshall, C.J. Springer, D. Barford, and R. Marais. 2004. Mechanism of activation of the RAF-ERK signaling pathway by oncogenic mutations of B-RAF. *Cell.* 116:855-67.

Wang, A.X., J.W. Chang, C.Y. Li, K. Liu, and Y.L. Lin. 2012. H-ras Mutation Detection in Bladder Cancer by COLD-PCR Analysis and Direct Sequencing. *Urol Int.*

Wang, H.R., A.A. Ogunjimi, Y. Zhang, B. Ozdamar, R. Bose, and J.L. Wrana. 2006. Degradation of RhoA by Smurf1 ubiquitin ligase. *Methods Enzymol.* 406:437-47.

Wang, L., Y. Zhao, Z. Li, Y. Guo, L.L. Jones, D.M. Kranz, W. Mourad, and H. Li. 2007. Crystal structure of a complete ternary complex of TCR, superantigen and peptide-MHC. *Nat Struct Mol Biol.* 14:169-71.

Watts, T.H. 2005. TNF/TNFR family members in costimulation of T cell responses. *Annu Rev Immunol.* 23:23-68.

Weaver, A.M. 2006. Invadopodia: specialized cell structures for cancer invasion. *Clin Exp Metastasis.* 23:97-105.

Weber, C., C. Muller, A. Podszuweit, C. Montino, J. Vollmer, and A. Forsbach. 2012. Toll-like receptor (TLR) 3 immune modulation by unformulated small interfering RNA or DNA and the role of CD14 (in TLR-mediated effects). *Immunology.* 136:64-77.

Wei, Y., Y. Zhang, U. Derewenda, X. Liu, W. Minor, R.K. Nakamoto, A.V. Somlyo, A.P. Somlyo, and Z.S. Derewenda. 1997. Crystal structure of RhoA-GDP and its functional implications. *Nat Struct Biol.* 4:699-703.

Weiss, L. 1990. Metastatic inefficiency. *Adv Cancer Res.* 54:159-211.

Wellbrock, C., and A. Hurlstone. 2010. BRAF as therapeutic target in melanoma. *Biochem Pharmacol.* 80:561-7.

Wennerberg, K., and C.J. Der. 2004. Rho-family GTPases: it's not only Rac and Rho (and I like it). *J Cell Sci.* 117:1301-12.

Wilke, C.M., K. Bishop, D. Fox, and W. Zou. 2011. Deciphering the role of Th17 cells in human disease. *Trends Immunol.* 32:603-11.

Wilkinson, S., H.F. Paterson, and C.J. Marshall. 2005. Cdc42-MRCK and Rho-ROCK signalling cooperate in myosin phosphorylation and cell invasion. *Nat Cell Biol.* 7:255-61.

Wilson, D.J., A. Alessandrini, and R.C. Budd. 1999. MEK1 activation rescues Jurkat T cells from Fas-induced apoptosis. *Cell Immunol.* 194:67-77.

Wilson, S.B., and T.L. Delovitch. 2003. Janus-like role of regulatory iNKT cells in autoimmune disease and tumour immunity. *Nat Rev Immunol.* 3:211-22.

Wischhusen, J., G. Jung, I. Radovanovic, C. Beier, J.P. Steinbach, A. Rimner, H. Huang, J.B. Schulz, H. Ohgaki, A. Aguzzi, H.G. Rammensee, and M. Weller. 2002. Identification of CD70-mediated apoptosis of immune effector cells as a novel immune escape pathway of human glioblastoma. *Cancer Res.* 62:2592-9.

Wolfel, T., M. Hauer, J. Schneider, M. Serrano, C. Wolfel, E. Klehmann-Hieb, E. De Plaen, T. Hankeln, K.H. Meyer zum Buschenfelde, and D. Beach. 1995. A p16INK4a-insensitive CDK4 mutant targeted by cytolytic T lymphocytes in a human melanoma. *Science.* 269:1281-4.

Wong, W.W., J. Dimitroulakos, M.D. Minden, and L.Z. Penn. 2002. HMG-CoA reductase inhibitors and the malignant cell: the statin family of drugs as triggers of tumor-specific apoptosis. *Leukemia.* 16:508-19.

Worthylake, R.A., and K. Burridge. 2003. RhoA and ROCK promote migration by limiting membrane protrusions. *J Biol Chem.* 278:13578-84.

Wrzesinski, S.H., Y.Y. Wan, and R.A. Flavell. 2007. Transforming growth factor-beta and the immune response: implications for anticancer therapy. *Clin Cancer Res.* 13:5262-70.

Wu, L., and L. Van Kaer. 2011. Natural killer T cells in health and disease. *Front Biosci (Schol Ed).* 3:236-51.

Wu, Y., M. Borde, V. Heissmeyer, M. Feuerer, A.D. Lapan, J.C. Stroud, D.L. Bates, L. Guo, A. Han, S.F. Ziegler, D. Mathis, C. Benoist, L. Chen, and A. Rao. 2006. FOXP3 controls regulatory T cell function through cooperation with NFAT. *Cell.* 126:375-87.

Wyckoff, J.B., S.E. Pinner, S. Gschmeissner, J.S. Condeelis, and E. Sahai. 2006. ROCK- and myosin-dependent matrix deformation enables protease-independent tumor-cell invasion in vivo. *Curr Biol.* 16:1515-23.

Xie, B., J. Zhao, M. Kitagawa, J. Durbin, J.A. Madri, J.L. Guan, and X.Y. Fu. 2001. Focal adhesion kinase activates Stat1 in integrin-mediated cell migration and adhesion. *J Biol Chem.* 276:19512-23.

Xing, F., Y. Persaud, C.A. Pratilas, B.S. Taylor, M. Janakiraman, Q.B. She, H. Gallardo, C. Liu, T. Merghoub, B. Hefter, I. Dolgalev, A. Viale, A. Heguy, E. De Stanchina, D. Cobrinik, G. Bollag, J. Wolchok, A. Houghton, and D.B. Solit. 2012. Concurrent loss of the PTEN and RB1 tumor suppressors attenuates RAF dependence in melanomas harboring (V600E)BRAF. *Oncogene.* 31:446-57.

Yadav, D., J. Ngolab, R.S. Lim, S. Krishnamurthy, and J.D. Bui. 2009. Cutting edge: down-regulation of MHC class I-related chain A on tumor cells by IFN-gamma-induced microRNA. *J Immunol.* 182:39-43.

Yamamoto, H., T. Kishimoto, and S. Minamoto. 1998. NF-kappaB activation in CD27 signaling: involvement of TNF receptor-associated factors in its signaling and identification of functional region of CD27. *J Immunol.* 161:4753-9.

Yamazaki, D., S. Kurisu, and T. Takenawa. 2005. Regulation of cancer cell motility through actin reorganization. *Cancer Sci.* 96:379-86.

Yamazaki, D., S. Kurisu, and T. Takenawa. 2009. Involvement of Rac and Rho signaling in cancer cell motility in 3D substrates. *Oncogene.* 28:1570-83.

Yang, L., J. Huang, X. Ren, A.E. Gorska, A. Chytil, M. Aakre, D.P. Carbone, L.M. Matrisian, A. Richmond, P.C. Lin, and H.L. Moses. 2008. Abrogation of TGF beta signaling in mammary carcinomas recruits Gr-1+CD11b+ myeloid cells that promote metastasis. *Cancer Cell*. 13:23-35.

Yang, S.H., and A.D. Sharrocks. 2006. Convergence of the SUMO and MAPK pathways on the ETS-domain transcription factor Elk-1. *Biochem Soc Symp*:121-9.

Yang, X., Y. Zhang, S. Wang, and W. Shi. 2010. Effect of fasudil on growth, adhesion, invasion, and migration of 95D lung carcinoma cells in vitro. *Can J Physiol Pharmacol*. 88:874-9.

Yilmaz, M., G. Christofori, and F. Lehembre. 2007. Distinct mechanisms of tumor invasion and metastasis. *Trends Mol Med*. 13:535-41.

Yoo, J., and R.A. Robinson. 2000. H-ras gene mutations in salivary gland mucoepidermoid carcinomas. *Cancer*. 88:518-23.

Yoon, Y., Z. Ao, Y. Cheng, S.F. Schlossman, and K.V. Prasad. 1999. Murine Siva-1 and Siva-2, alternate splice forms of the mouse Siva gene, both bind to CD27 but differentially transduce apoptosis. *Oncogene*. 18:7174-9.

Zafirova, B., F.M. Wensveen, M. Gulin, and B. Polic. 2011. Regulation of immune cell function and differentiation by the NKG2D receptor. *Cell Mol Life Sci*. 68:3519-29.

Zaidi, M.R., C.P. Day, and G. Merlino. 2008. From UVs to metastases: modeling melanoma initiation and progression in the mouse. *J Invest Dermatol*. 128:2381-91.

Zalcman, G., V. Closson, J. Camonis, N. Honore, M.F. Rousseau-Merck, A. Tavitian, and B. Olofsson. 1996. RhoGDI-3 is a new GDP dissociation inhibitor (GDI). Identification of a non-cytosolic GDI protein interacting with the small GTP-binding proteins RhoB and RhoG. *J Biol Chem*. 271:30366-74.

Zhang, C., J. Niu, J. Zhang, Y. Wang, Z. Zhou, and Z. Tian. 2008. Opposing effects of interferon-alpha and interferon-gamma on the expression of major histocompatibility complex class I chain-related A in tumors. *Cancer Sci*. 99:1279-86.

Zhang, C., F. Zhou, N. Li, S. Shi, X. Feng, Z. Chen, J. Hang, B. Qiu, B. Li, S. Chang, J. Wan, K. Shao, X. Xing, X. Tan, Z. Wang, M. Xiong, and J. He. 2007a. Overexpression of RhoE has a prognostic value in non-small cell lung cancer. *Ann Surg Oncol*. 14:2628-35.

Zhang, H., N. Bajraszewski, E. Wu, H. Wang, A.P. Moseman, S.L. Dabora, J.D. Griffin, and D.J. Kwiatkowski. 2007b. PDGFRs are critical for PI3K/Akt activation and negatively regulated by mTOR. *J Clin Invest*. 117:730-8.

Zhao, L., H. Wang, J. Li, Y. Liu, and Y. Ding. 2008. Overexpression of Rho GDP-dissociation inhibitor alpha is associated with tumor progression and poor prognosis of colorectal cancer. *J Proteome Res*. 7:3994-4003.

Zhou, Q., J. Heinke, A. Vargas, S. Winnik, T. Krauss, C. Bode, C. Patterson, and M. Moser. 2007. ERK signaling is a central regulator for BMP-4 dependent capillary sprouting. *Cardiovasc Res*. 76:390-9.

Zitvogel, L., S. Amigorena, and J.L. Teillaud. 2011. [About Ralph M. Steinman and dendritic cells]. *Med Sci (Paris)*. 27:1028-34.

Zwald, F.O., L.J. Christenson, E.M. Billingsley, N.C. Zeitouni, D. Ratner, J. Bordeaux, M.J. Patel, M.D. Brown, C.M. Proby, S. Euvrard, C.C. Otley, and T. Stasko. 2010. Melanoma in solid organ transplant recipients. *Am J Transplant*. 10:1297-304.

Liste des abréviations

2/3 Dimensions	2D / 3D
Ac	Anticorps
ADN	Acide DésoxyriboNucléique
ALM	Acral Lentiginous Meanoma (mélanome lentigineux)
AMM	Autorisation de Mise sur le Marché
ARN	Acide RiboNucléique (RNA)
ATU	Autorisation Temporaire d'Utilisation
BMK1	Big MAP Kinase 1 (ERK5)
BRAF V600E	protéine BRAF substituée en position 600 de la valine en acide glutamique
Breg	Lymphocyte B régulateur
CD	Cellule Dendritique
CMH-I ou -II	Complexe Majeur d'Histocompatibilité de classe I ou II (MHC)
CMV	CytoMegaloVirus
CNF	Cytotoxic Necrotic Factor
CPA	Cellules Présentatrices d'Antigènes
CR	Conserved Region
CRD	Cystein-Rich Domain
CT	Centre de la tumeur
CTL	Cytotoxic T Lymphocytes (lymphocytes T cytotoxiques)
CTLA-4	Cytotoxic T Lymphocyte Antigen-4
DAG	DiAcylGlycérol
DH	Dbl Homology
DNAM-1	DNAX Accessory Molecule-1
EBV	Epstein-Barr Virus
EGFR	Epidermal Growth Factor Receptor
ERK	Extracellular signal-Regulated Kinases
FAK	Focal Adhesion Kinase
FasL	Fas Ligand
FMNL2	Formin-Like2
FTase	FarnésylTransférase
FTI	FTase Inhibitor
FTS	acide S-FarnesylThioSialicylique
GAP	GTPase Activating Protein
GDI	GDP Dissociation Inhibitor
GDP	Guanosine DiPhosphate
GEF	Guanosine Exchange Factor
GGTase	GéranylGéranylTransférase
GGTI	GGTase Inhibitor
gp100	glycoprotéine 100
GPI	Glycosyl-PhosphatidylInositol
GTP	Guanosine TriPhosphate
HLA	Human Leucocyte Antigen
IDO	Indoleamine 2,3-DiOxygenase
IFNα ou γ	Interféron alpha ou gamma
Ig	Immunoglobulin

IGF1R	Insulin-like Growth Factor 1 Receptor
IL	InterLeukine
IM	Zone marginale, périphérique
iNKT	Invariant NKT
IP3	Inositol 1,4,5-tri-Phosphate
ITAM	Immunoreceptor Tyrosine-based Activation Motif
ITIM	Immunoreceptor Tyrosine-based Inhibitory Motif
JNK	c-Jun N-terminal Kinase
JNK/SAPK	c-Jun N-terminal Kinases/Stress-Activated Protein Kinases
KIR	Killer cell Immunoglobulin-like Receptor
KO	Knock-Out
LB	Lymphocyte B
LICR	Ludwig Institut Cancer Research
LIMK	LIM Kinases
LMM	Lentigo Malignant Melanoma (mélanome sur mélanose de Dubreuil)
LT	Lymphocyte T
MAPK	Mitogen-Activated Protein Kinase
MAPKK	MAPK Kinase
MAPKKK	MAPK Kinase Kinase
MDSC	Myeloid-Derived Suppressive Cells (cellules myéloïdes suppressives)
MEC	Matrice Extra-Cellulaire
MEK1/2	MAPK/ERK Kinase 1/2
MICA ou B	MHC class I Chain-related protein A ou B
MLC	Myosin Light Chain
MLCK	MLC Kinase
MMP	Metallo-Protéinases
MP	Membrane Plasmique
MULT 1	Murine ULBP-like Transcript 1
NCR	Natural Cytotoxic Receptor
NF-κB	Nuclear Factor kappa B
NIK	NF-κB Inducing Kinase
NK (cellules)	cellules Natural Killer
NKG2A ou D	NK Group 2 member A ou D
NKG2D-S ou -L	NKG2D-Short ou -Long
NKT (cellules)	cellules NK présentant un récepteur des lymphocytes T
NM	Nodumar Melanoma (mélanome nodulaire)
PAMP	Pathogen-Associated Molecular Patterns
PD-1	Programmed cell Death-1
PD-1L	PD-1 Ligand
PDB	Protein Data Bank
PDGF	Platelet-Derived Growth Factor
PH	Plekstrin Homology
PHA	PhytoHaemAgglutinine
PI3K	PhosphoInositide 3 Kinase
PIP2	PhosphatidylInositol 4,5-bisPhosphate
PKC	Protein Kinase C
PLCγ	PhosphoLipase C gamma
PP	PyroPhosphate

PTEN	Phosphatase and TENsin homolog
RAE-1	Retinoic Acid Early-inducible 1
RAET 1I, 1H, 1N, 1E, 1G	Retinoic Acid Early-inducible Transcript 1I, 1H, 1N, 1E, 1G
Ras	Rat Sarcoma virus
RBD	Rho ou Ras-Binding Domain
RGP	Radial Phase Growth (phase de prolifération horizontale, radiale)
RI	Réponse Immune
Rnd3	RhoE
ROCK	Rho Kinases
RTK	Récepteur Tyrosine Kinase
SH2	Scr Homology 2
SI	Système Immunitaire
siRNA	small interference RNA
SSM	Superficial Spreading Melanoma (mélanome à extension superficielle)
TAA	Tumor Associated Antigens (antigènes associés aux tumeurs)
TAM	Tumor Associated Macrophages (macrophages associés aux tumeurs)
TCR	T Cell Receptor (récepteur des lymphocytes T)
TEM	Transition Epithlio-Mésenchymateuse
TGFβ	Tumor Growth Factor beta
TIL	Tumor Infiltrating Lymphocytes (lymphocytes infiltrant les tumeurs)
TLR	Toll-Like Receptor
TMA	Transition Mésenchymale-Ameboïde
TNFα	Tumor Necrosis Factor alpha
TRAIL	TNF-Related Apoptosis-Inducing Ligand
Treg	Lymphocyte T régulateur
ULBP 1-4	Unique-Long 16 Binding Protein 1 à 4
VEGF	Vascular Epithelial Growth Factor
VEGFR	VEGF Receptor
VGP	Vertical Phase Growth (phase de prolifération verticale)

Oui, je veux morebooks!

I want morebooks!

Buy your books fast and straightforward online - at one of the world's fastest growing online book stores! Environmentally sound due to Print-on-Demand technologies.

Buy your books online at
www.get-morebooks.com

Achetez vos livres en ligne, vite et bien, sur l'une des librairies en ligne les plus performantes au monde!
En protégeant nos ressources et notre environnement grâce à l'impression à la demande.

La librairie en ligne pour acheter plus vite
www.morebooks.fr

OmniScriptum Marketing DEU GmbH
Heinrich-Böcking-Str. 6-8
D - 66121 Saarbrücken
Telefax: +49 681 93 81 567-9

info@omniscriptum.com
www.omniscriptum.com

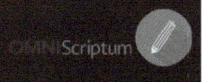

Printed by Books on Demand GmbH, Norderstedt / Germany